高等职业教育系列教材

自动化生产线组建与调试

——以亚龙 YL-335B 为例
（三菱 PLC 版本）
第 2 版

乡碧云　编著

机械工业出版社

本书以 YL-335B 设备实操模型为对象，介绍了自动化生产线组建与调试的应用技术。通过 YL-335B 实操模型设备的介绍，电气原理认知与气动控制、传感检测方案的制定、PLC 控制变频器调速、PLC 控制步进/伺服电动机、人机界面组态应用、PLC 联网通信以及 YL-335B 自动化生产线整体控制方案制定 8 个项目，循序渐进、全面、系统地介绍了自动化生产线的组建与调试。本书简单易懂，操作方式容易实现，工程实例实施方便。

本书适合作为高职高专、中职中专院校相关课程的教材，也可作为相关工程技术人员研究自动化生产线组建与调试的参考用书。

为配合教学，本书配有电子课件，读者可以登录机械工业出版社教材服务网 www.cmpedu.com 免费注册后下载，或联系编辑索取（QQ：2850823889，电话（010）88379739）。

图书在版编目(CIP)数据

自动化生产线组建与调试：以亚龙 YL-335B 为例：三菱 PLC 版本/乡碧云编著. —2 版. —北京：机械工业出版社，2018.8（2025.1 重印）
高等职业教育系列教材
ISBN 978-7-111-60596-6

Ⅰ. ①自… Ⅱ. ①乡… Ⅲ. ①自动生产线-高等职业教育-教材 Ⅳ. ①TP278

中国版本图书馆 CIP 数据核字（2018）第 167799 号

机械工业出版社(北京市百万庄大街 22 号 邮政编码 100037)
责任编辑：李文轶 责任校对：张艳霞
责任印制：单爱军

北京虎彩文化传播有限公司印刷

2025 年 1 月第 2 版·第 11 次印刷
184mm×260mm·11.25 印张·268 千字
标准书号：ISBN 978-7-111-60596-6
定价：35.00 元

电话服务 网络服务

客服电话：010-88361066 机 工 官 网：www.cmpbook.com
　　　　　010-88379833 机 工 官 博：weibo.com/cmp1952
　　　　　010-68326294 金 书 网：www.golden-book.com
封底无防伪标均为盗版 机工教育服务网：www.cmpedu.com

高等职业教育系列教材机电类专业
委员会成员名单

出 版 说 明

《国家职业教育改革实施方案》（又称"职教 20 条"）指出：到 2022 年，职业院校教学条件基本达标，一大批普通本科高等学校向应用型转变，建设 50 所高水平高等职业学校和 150 个骨干专业（群）；建成覆盖大部分行业领域、具有国际先进水平的中国职业教育标准体系；从 2019 年开始，在职业院校、应用型本科高校启动"学历证书+若干职业技能等级证书"制度试点（即 1+X 证书制度试点）工作。在此背景下，机械工业出版社组织国内 80 余所职业院校（其中大部分院校入选"双高"计划）的院校领导和骨干教师展开专业和课程建设研讨，以适应新时代职业教育发展要求和教学需求为目标，规划并出版了"高等职业教育系列教材"丛书。

该系列教材以岗位需求为导向，涵盖计算机、电子、自动化和机电等专业，由院校和企业合作开发，多由具有丰富教学经验和实践经验的"双师型"教师编写，并邀请专家审定大纲和审读书稿，致力于打造充分适应新时代职业教育教学模式、满足职业院校教学改革和专业建设需求、体现工学结合特点的精品化教材。

归纳起来，本系列教材具有以下特点：

1）充分体现规划性和系统性。系列教材由机械工业出版社发起，定期组织相关领域专家、院校领导、骨干教师和企业代表召开编委会年会和专业研讨会，在研究专业和课程建设的基础上，规划教材选题，审定教材大纲，组织人员编写，并经专家审核后出版。整个教材开发过程以质量为先，严谨高效，为建立高质量、高水平的专业教材体系奠定了基础。

2）工学结合，围绕学生职业技能设计教材内容和编写形式。基础课程教材在保持扎实理论基础的同时，增加实训、习题、知识拓展以及立体化配套资源；专业课程教材突出理论和实践相统一，注重以企业真实生产项目、典型工作任务、案例等为载体组织教学单元，采用项目导向、任务驱动等编写模式，强调实践性。

3）教材内容科学先进，教材编排展现力强。系列教材紧随技术和经济的发展而更新，及时将新知识、新技术、新工艺和新案例等引入教材；同时注重吸收最新的教学理念，并积极支持新专业的教材建设。教材编排注重图、文、表并茂，生动活泼，形式新颖；名称、名词、术语等均符合国家标准和规范。

4）注重立体化资源建设。系列教材针对部分课程特点，力求通过随书二维码等形式，将教学视频、仿真动画、案例拓展、习题试卷及解答等教学资源融入到教材中，使学生的学习课上课下相结合，为高素质技能型人才的培养提供更多的教学手段。

由于我国高等职业教育改革和发展的速度很快，加之我们的水平和经验有限，因此在教材的编写和出版过程中难免出现疏漏。恳请使用本系列教材的师生及时向我们反馈相关信息，以利于我们今后不断提高教材的出版质量，为广大师生提供更多、更适用的教材。

机械工业出版社

前　言

机电一体化技术发展至今已成为一门有着自身体系的新型学科，机电一体化技术从系统的观点出发，综合运用了机械、微电子、自动控制、计算机、信息、传感测控以及软件编程等技术。机电一体化设备功能要求除了精度、动力和速度以外，更需要自动化、柔性化、信息化和智能化，逐步实现自适应、自控制、自组织。世界高新技术正在创造着新的生产方式和经济秩序，它们渗透到传统产业，引起传统产业的深刻变革，自动化生产线正是这场新技术革命中产生的新兴领域。

亚龙 YL-335B 自动化生产线实训考核装备能够模拟一个与真实生产情况十分接近的过程，缩短了理论教学与实际应用之间的距离，适应组建与调试自动化生产线的学习需要。

本书以能力培养为目标，力求突出组建与调试自动化生产线综合技术的实用性，在编写过程中，每一个程序的编写与调试，都在 YL-335B 自动化生产线装备上得到使用验证。本书从实际应用角度出发组织教材内容，形成既综合又分类细致的内容体系，内容包括：项目1　了解 YL-335B 自动化生产线实操模型设备、项目2　电气原理认知与气动控制、项目3　传感检测技术方案的制定、项目4　PLC 控制变频器调速、项目5　PLC 控制步进/伺服电动机、项目6　人机界面组态应用、项目7　PLC 联网通信、项目8　YL-335B 的整体控制方案制定。

本次改版是对亚龙 YL-335B 自动化生产线原有实训任务进行完善，按照 2015—2017 年高职该项目国赛标准，增加了 FX_{3U} 系列图纸及相关内容，增加了各种控制模块应用案例，增加了对未知站（装配站2）的工作任务。同时将自动生产线安装与调试技能竞赛考察的知技点和职业素养融入到教材内容中去，实现以赛促教，让所有学生都能从中受益。

本书知识结构清晰，各模块既独立又关联，在理论与实践的结合上进行了有效的探索，力求为初学自动化生产线组建的读者提供有价值的学习资料，同时也为广大机电工程技术人员提供与生产实践紧密结合的自动化产生线综合技术的实用教材。

本书由顺德职业技术学院乡碧云编著，编写过程中得到了顺德职业技术学院机电工程学院机电一体化技术专业各位老师的大力支持和多方面的帮助，在此表示感谢。

由于时间仓促，编者水平有限，疏漏之处在所难免，敬请广大读者批评指正。

作　者

目　　录

项目 1　了解 YL-335B 自动化生产线实操模型设备

1.1　YL-335B 的基本组成

亚龙 YL-335B 自动化生产线实训考核装备由安装在铝合金导轨式实训台上的供料单元、加工单元、装配单元、输送单元和分拣单元 5 个工作单元组成。其外观如图 1-1 所示。

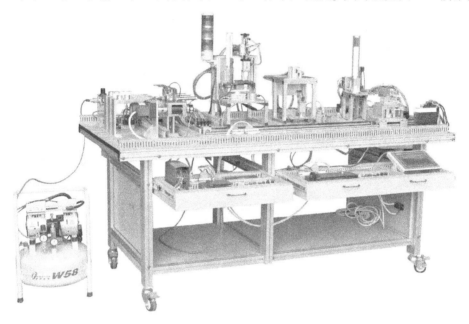

图 1-1　YL-335B 自动化生产线实训考核装备外观图

其中，每一个工作单元都可自成一个独立的系统运行，同时也都是一个机电一体化的系统。各个工作单元的执行机构基本上以气动执行机构为主，但输送单元的机械手装置中采取步进电动机驱动的、精密定位的位置控制，该驱动系统具有行程长、定位点多的特点，是一个典型的一维位置控制系统。分拣单元的传送带驱动中采用了变频器驱动三相异步电动机的交流传动装置。位置控制和变频器技术是现代工业企业应用最为广泛的电气控制技术。

在 YL-335B 设备上还应用了多种类型的传感器，分别用于判断物体的运动位置、物体通过的状态、物体的颜色及材质等。传感器技术是机电一体化技术中的关键技术之一，是现代工业实现高度自动化的前提之一。

在控制方面，YL-335B 采用了基于 RS-485 串行通信的 PLC 网络控制方案，即每一工作单元由一台 PLC 承担其控制任务，各 PLC 之间通过 RS-485 串行通信实现互联的分布式控制方式。用户可根据需要选择不同厂家的 PLC 及其所支持的 RS-485 通信模式，组建成一个小型的 PLC 网络。小型 PLC 网络以其结构简单和价格低廉的特点在小型自动化生产线中有着广泛的应用，在现代工业网络通信中占据相当大的份额。

学习并掌握每一个工作单元的基本功能，将为进一步学习整条自动化生产线的联网通信控制和整机配合运行等技术做准备；同时，掌握基于 RS-485 串行通信的 PLC 网络技术，将为进一步学习现场总线技术、工业以太网技术等打下良好的基础。

1.2 YL-335B 的基本功能

YL-335B 各工作单元在实训台上的分布如图 1-2 所示。

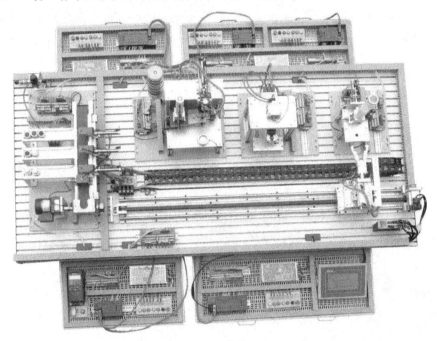

图 1-2   YL-335B 的俯视图

各个工作单元的基本功能如下。

（1）供料单元的基本功能

供料单元是 YL-335B 中的起始单元，在整个系统中，起着向系统中的其他单元提供原料的作用。其具体的功能是：按照需要将放置在料仓中的待加工工件（原料）自动地推到物料台上，以便输送单元的抓取机械手装置将其抓取，并输送到其他单元上。图 1-3 所示为供料单元实物的全貌。

（2）加工单元的基本功能

把该单元物料台上的工件（由输送单元的抓取机械手装置送来）送到冲压机构下面，完成一次冲压加工动作后，再送回到物料台上，待输送单元的抓取机械手装置将其取出。图 1-4 所示为加工单元实物的全貌。

（3）装配单元的基本功能

将该单元料仓内的黑色或白色小圆柱形工件嵌入到已加工工件中。装配单元总装实物如图 1-5 所示。

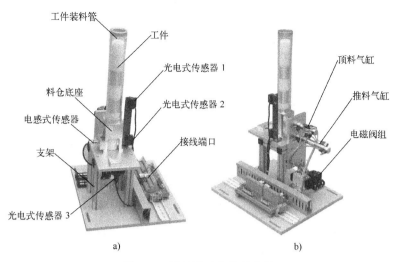

图1-3 供料单元实物的全貌

a）正视图 b）侧视图

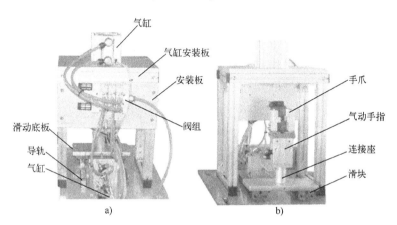

图1-4 加工单元实物的全貌

a）后视图 b）前视图

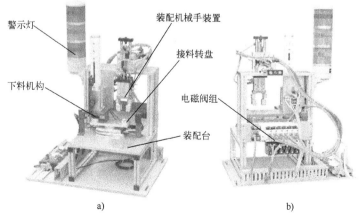

图1-5 装配单元总装实物图

a）前视图 b）后视图

（4）分拣单元的基本功能

对装配单元送来的已加工、装配好的工件进行分拣，使不同颜色和材质的工件从不同的料槽被分流。图1-6所示为分拣单元实物的全貌。

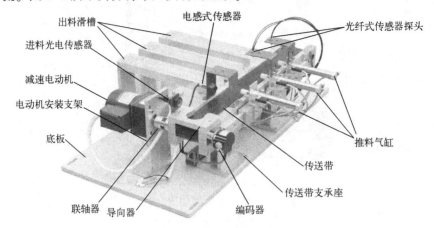

图1-6　分拣单元实物的全貌

（5）输送单元的基本功能

该单元通过直线运动传动机构驱动抓取机械手装置到指定单元的物料台上精确定位后，在该物料台上抓取工件，并把抓取到的工件输送到指定地点然后将其放下，以实现传送工件的功能。输送单元的外观如图1-7所示。

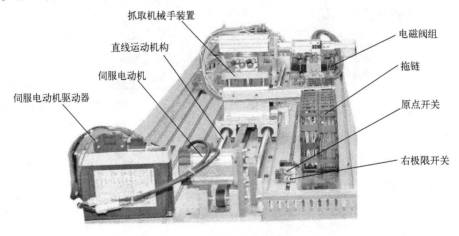

图1-7　输送单元外观图

直线运动传动机构的驱动器可采用伺服电动机或步进电动机，视实训目的而定。YL-335B的标准配置为伺服电动机。

1.3　YL-335B 的电气控制

1.3.1　YL-335B 工作单元的结构特点

YL-335B设备中各工作单元的结构特点是机械装置与电气控制部分的相对分离。每一个工作单元的机械装置被整体安装在底板上，而控制工作单元中的 PLC 装置被安装在工作台两侧的抽屉板上。因此，工作单元机械装置与 PLC 装置之间的信息交换是一个关键的问题。YL-335B 的解决方案是：机械装置中各电磁阀和传感器的引线均连接到装置侧的接线端口上，PLC 的 I/O 引出线则连接到 PLC 侧的接线端口上，两个接线端口间通过多芯信号电缆互连。图 1-8 和图 1-9 分别是装置侧的接线端口和 PLC 侧的接线端口。

图 1-8　装置侧的接线端口　　　　　　　　图 1-9　PLC 侧的接线端口

图 1-8 所示的装置侧的接线端口的接线端子采用三层端子结构，上层端子用于连接 DC 24 V 电源的 24 V 端，底层端子用于连接 DC 24 V 电源的 0 V 端，中间层端子用于连接各信号线。

图 1-9 所示的 PLC 侧的接线端口的接线端子采用两层端子结构，上层端子用于连接各信号线，其端子号与装置侧的接线端口的接线端子号要相对应。底层端子用于连接 DC 24 V 电源的 24 V 端和 0 V 端。

装置侧的接线端口和 PLC 侧的接线端口之间通过专用电缆连接。其中 25 针接头电缆用于连接 PLC 的输入信号，15 针接头电缆用于连接 PLC 的输出信号。

1.3.2　YL-335B 的控制系统

YL-335B 的每一个工作单元都可自成一个独立的系统，同时也可以通过网络互联构成一个分布式的控制系统。

1）当工作单元自成一个独立的系统时，其设备运行的主令信号以及运行过程中的状态显示信号，来源于该工作单元的按钮/指示灯模块。按钮/指示灯模块如图 1-10 所示。模块上的指示灯和按钮的接线端被全部引到端子排上。

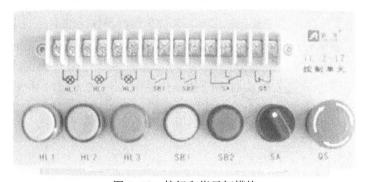

图 1-10　按钮和指示灯模块

该模块上的器件包括指示灯和安全器件。

① 指示灯（DC 24 V）：黄色（HL1）、绿色（HL2）和红色（HL3）各一只。

② 主令器件：绿色常开按钮 SB1、红色常开按钮 SB2、选择开关 SA（一对转换触点）和"急停"按钮 QS（一个常闭触点）各一个。

2）当各工作单元通过网络互联构成一个分布式的控制系统时，对于采用三菱 FX 系列 PLC 的设备，YL-335B 的标准配置是采用了基于 RS-485 串行通信的 N:N 通信方式。设备出厂时设置的通信网络控制方案如图 1-11 所示。

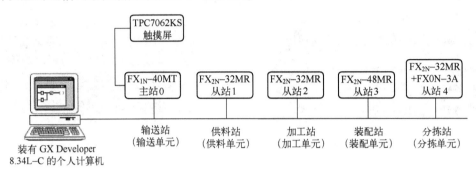

图 1-11　YL-335B 的通信网络控制方案

各工作站 PLC 配置如下。

① 输送单元：FX_{1N}-40MT 主单元，共 24 点输入，16 点晶体管输出。

② 供料单元：FX_{2N}-32MR 主单元，共 16 点输入，16 点继电器输出。

③ 加工单元：FX_{2N}-32MR 主单元，共 16 点输入，16 点继电器输出。

④ 装配单元：FX_{2N}-48MR 主单元，共 24 点输入，24 点继电器输出。

⑤ 分拣单元：FX_{2N}-32MR 主单元，共 16 点输入，16 点继电器输出。

3）人机界面。系统运行的主令信号（复位、启动、停止等）通过触摸屏人机界面给出。同时，人机界面上也显示系统运行时的各种状态信息。

人机界面是在操作人员和机器设备之间进行双向沟通的桥梁。使用人机界面能够明确指示并告知操作员机器设备目前的状况，使操作变得简单生动，并且可以减少操作上的失误，即使是新手也可以很轻松地操作整个机器设备。使用人机界面还可以使机器的配线标准化、简单化，同时也能减少 PLC 控制器所需的 I/O 点数，降低生产成本，并且由于面板控制的小型化及高性能化，也相对地提高了整套设备的附加价值。

YL-335B 采用了昆仑通态（MCGS）TPC7062KS 触摸屏作为它的人机界面。TPC7062KS 是一款低功耗 CPU 为核心（主频 400 MHz）的高性能嵌入式一体化工控机。该产品设计采用了 7 in 高亮度 TFT 液晶显示屏（分辨率 800×480）和四线电阻式触摸屏（分辨率 4096×4096），同时还预装了微软嵌入式实时多任务操作系统 WinCE. NET（中文版）和 MCGS 嵌入式组态软件（运行版）。TPC7062KS 触摸屏的使用以及人机界面的组态方法，将在项目 6 中介绍。

1.4　供电电源

外部供电电源为三相五线制 AC 380 V/220 V，图 1-12 所示为供电电源模块一次回路原理图。图中，总电源开关选用 DZ47LE-32/C32 型三相四线漏电开关。系统各主要负载通过自动开关被单独供电。其中，变频器电源通过 DZ47C16/3P 三相自动开关供电；对各工作单元的 PLC 均采用 DZ47C5/1P 单相自动开关供电，如图 1-13 所示。此外，系统配置 4 台 DC 24 V 6 A 开关稳压电源分别用做供料、加工、分拣及输送单元的直流电源。配电箱设备安装图如图 1-13 所示。

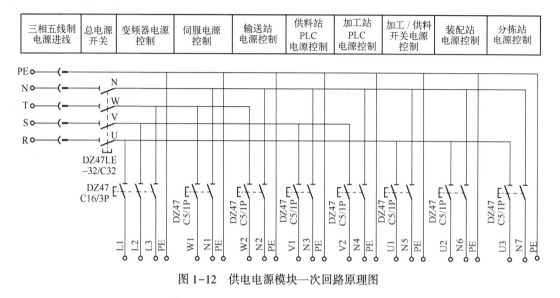

图 1-12　供电电源模块一次回路原理图

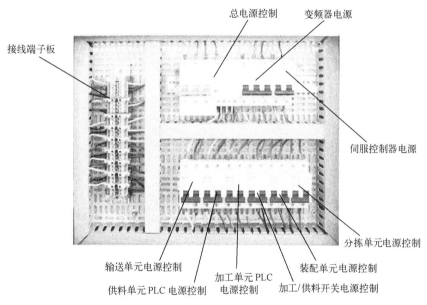

图 1-13　配电箱设备安装图

1.5　气源处理装置

YL-335B 的气源处理组件实物及其电路原理图分别如图 1-14a 和图 1-14b 所示。气源处理组件是气动控制系统中的基本组成器件，它的作用是除去压缩空气中所含的杂质及凝结水，调节并保持恒定的工作压力。在使用时，应注意经常检查过滤器中凝结水的水位，在超过最高标线以前，必须排放，以免被重新吸入。气源处理组件的气路入口处安装有一个快速气路开关，用于开启/闭合气源，当把气路开关向左拔出时，气路接通气源，反之把气路开关向右推入时，气路关闭。

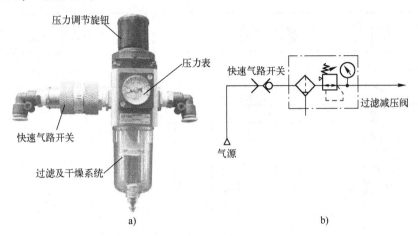

图 1-14 气源处理组件
a) 气源处理组件实物图　b) 气动原理图

气源处理组件的输入气源来自空气压缩机，所提供的压力为 0.6~1.0 MPa，输出压力为 0~0.8 MPa 可调。输出的压缩空气通过快速三通接头和气管被输送到各工作单元。

项目2 电气原理认知与气动控制

2.1 供料单元的结构和工作过程

供料单元的主要结构组成为：管形料仓，工件推出装置，支架，阀组，端子排组件，PLC，急停按钮和启动/停止按钮，走线槽，底板等。其中，机械部分结构组成如图2-1所示。

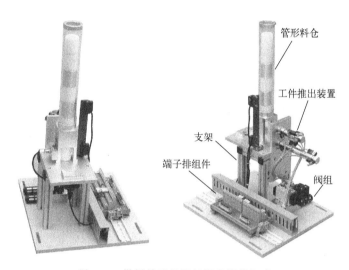

图2-1 供料单元的机械部分结构组成

其中，管形料仓和工件推出装置用于储存工件原料，并在需要时将料仓中最下层的工件推出到物料台上。工件推出装置主要由推料气缸、顶料气缸、磁感应接近开关和漫射式光电式传感器组成。

机械部分的工作原理是：工件被垂直叠放在管形料仓中，推料气缸处于料仓的底层并且其活塞杆可从料仓的底部通过。当活塞杆在退回位置时，它与最下层工件处于同一水平位置，而顶料气缸则与次下层工件处于同一水平位置。在需要将工件推出到物料台上时，首先使顶料气缸的活塞杆推出，压住次下层工件；然后使推料气缸活塞杆推出，从而把最下层工件推到物料台上。在推料气缸从料仓底部返回后，再使顶料气缸返回，并松开次下层工件。这样，料仓中的工件在重力的作用下，就自动向下移动一个工件，为下一次推出工件做好准备。图2-2为供料操作示意图。

在底层和管形料仓的第4层工件（从底层起的）位置，分别安装一个漫射式光电接近开关。它们的功能是检测料仓中有无储料或储料是否足够。若料仓内没有工件，则处于底层和第 4 层（从底层起的）位置的两个漫射式光电接近开关均处于常态；若从底层起只有 3 个工件，则底层处光电接近开关动作而第 4 层（从底层起的）位置处光电接近开关处于常态，表明工件已经快用完了。因此，料仓中有无储料或储料是否足够，就可用这两个光电接近开关的信号状态反映出来。

推料气缸把工件推出到物料台上后，由于物料台台面开有小孔，下面设有一个圆柱形漫射式光电接近开关，工作时向上发出光线，从而可以透过小孔检测是否有工件存在，以便向系统提供本单元物料台有无工件的信号。在输送单元的控制程序中，可以利用该信号状态来判断是否需要驱动机械手装置来抓取此工件。

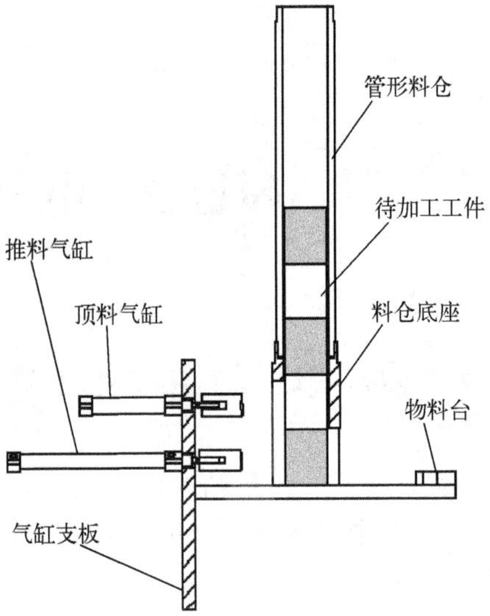

图 2-2　供料操作示意图

2.1.1　供料单元 PLC 的 I/O 接线

供料单元 PLC 的 I/O 接线如图 2-3 所示。

2.1.2　供料单元气动控制回路工作原理

气动控制回路是供料单元的执行机构，该执行机构的逻辑控制功能是由 PLC 实现的。气动控制回路的工作原理如图 2-4 所示。图中 1A 和 2A 分别为推料气缸和顶料气缸。1B1 和 1B2 为安装在推料气缸上两个极限工作位置的磁感应接近开关，2B1 和 2B2 为安装在顶料气缸上两个极限工作位置的磁感应接近开关。1Y1 和 2Y1 分别为控制推料气缸和顶料气缸上电磁阀上电磁控制端。通常，这两个气缸的初始位置均设定在缩回状态。

2.1.3　供料单元的调试与运行

1. 工作任务

本节只考虑供料单元作为独立设备运行时的情况，供料单元工作的主令信号和工作状态显示信号来自 PLC 旁边的按钮/指示灯模块。并且，按钮/指示灯模块上的工作方式选择开关 SA 应置于"单站方式"位置。其具体的控制要求如下。

1）设备通电和气源接通后，若工作单元的两个气缸均处于缩回位置，且料仓内有足够的待加工工件，则"正常工作"指示灯 HL1 常亮，表示设备已准备好。否则，该指示灯以 1 Hz 的频率闪烁。

2）若设备已准备好，按下启动按钮，工作单元启动，"设备运行"指示灯 HL2 常亮。启动后，若物料台上没有工件，则应把工件推到物料台上。物料台上的工件被取出后，若没有停止信号，则进行下一次推出工件操作。

3）若在运行中按下停止按钮，则在完成本工作周期任务后，各工作单元停止工作，指示灯 HL2 熄灭。

4）若在运行中料仓内工件不足，则工作单元继续工作，但"正常工作"指示灯 HL1 以 1 Hz 的频率闪烁，"设备运行"指示灯 HL2 保持常亮。若料仓内没有工件，则指示灯 HL1 和指示灯 HL2 均以 2 Hz 的频率闪烁。工作单元在完成本周期任务完成后停止。除非向料仓

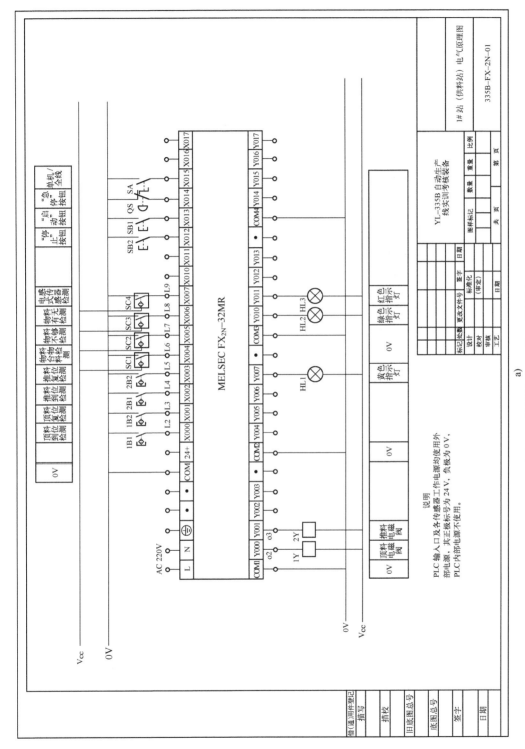

图2-3 供料单元PLC的I/O接线图
a) FX₂ₙ-32MR的I/O接线图

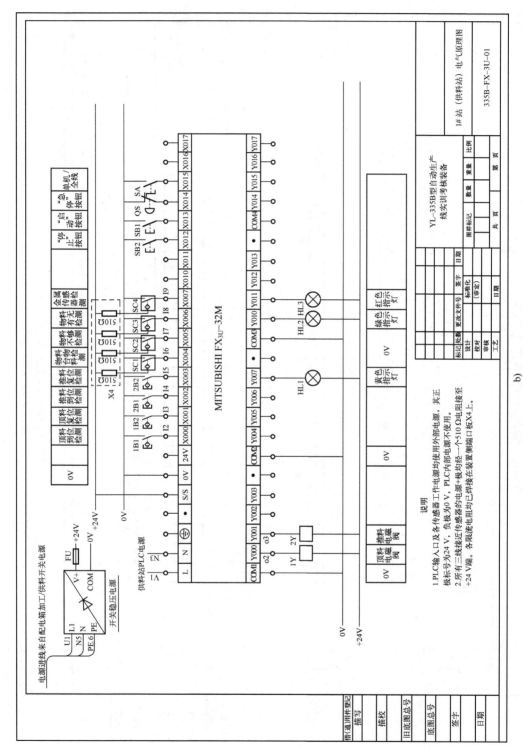

图2-3 供料单元PLC的I/O接线图（续）
b) FX₃U-32M的I/O接线图

12

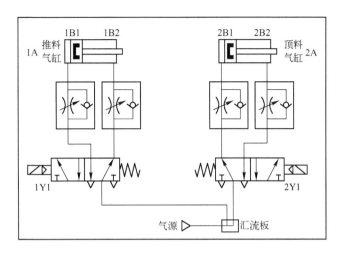

图 2-4　供料单元气动控制回路工作原理图

补充足够的工件，否则工作单元不能再启动。

本节要求完成的任务总结如下。

1）规划 PLC 的 I/O 分配及接线端子分配。

2）进行系统安装和接线。

3）按控制要求编制 PLC 程序。

4）进行调试与运行。

2. 供料单元单站控制的编程思路

1）程序结构：程序由两部分组成，一部分是系统状态显示，另一部分是供料控制。主程序在每一扫描周期都调用系统状态显示子程序，仅当在运行状态已经建立时才可能调用供料控制子程序。

2）PLC 通电后应首先进入初始状态检查阶段，确认系统已经准备就绪后，才允许投入运行，这样可及时发现存在的问题，避免出现事故。例如，若两个气缸在通电和气源接入时不在初始位置（气路连接错误的缘故），那么在这种情况下不允许系统投入运行。通常的 PLC 控制系统都有这种常规的要求。

3）供料单元运行的主要过程是供料控制，这是一个步进顺序控制过程。

4）如果没有停止要求，步进顺序控制过程将周而复始地不断循环。常见的步进顺序控制系统正常停止的要求是，接收到停止指令后，系统完成本工作周期任务即返回到初始步后才停止下来。

5）当料仓中最后一个工件被推出后，将发生缺料报警。推料气缸复位到位（完成本工作周期任务）即返回到初始步后，推料任务暂停下来，等待装满工件重新启动。

按上述分析，可画出图 2-5 所示的系统主程序梯形图。

供料控制子程序的步进顺序流程如图 2-6 所示。图中，初始步 S0 在主程序中，当系统准备就绪且接收到启动脉冲时被置位。

3. 调试与运行

1）调整气动部分，检查气路是否正确，气压是否合理，气缸的动作速度是否合理。

```
           M8038                                      *<通信地址设置为1                    >
  0 ───┤├──┬─────────────────────────────────────┤ MOV    K1      D8176 ├

           M8002
  6 ───┤├──┬─────────────────────────────────────────────┤ SET    M50  ├
         │                                                        初态检查
         │
         ├─────────────────────────────────────────────────┤ RST    M20  ├
         │                                                        准备就绪
         │
         ├─────────────────────────────────────────────────┤ RST    M10  ├
         │                                                        运行状态
         │
         ├─────────────────────────────────────────────────┤ RST    S0   ├
         │
         └──────────────────────────────────────┤ ZRST   S10     S11   ├

           M10      X015
 17 ───┤/├─────┤├─────────────────────────────────────────┤ SET    M34  ├
         运行状态   工作方式                                       联机方式

           M34
 24 ───┤├──────────────────────────────────────────────────────( M1066 )
         联机方式                                                   联机信号

           M50      X001     X003     X005
 26 ───┤├─────┤├──────┤├──────┤├──┬──────────────────────────┤ SET    M20  ├
         初态检查  顶料复位  推料复位  物料不足 │                             准备就绪
                                          │
                                          └────────────────────┤ RST    M50  ├
                                                                    初态检查

           M20
 32 ───┤├──────────────────────────────────────────────────────( M1064 )
         准备就绪                                                   初始状态

           X013     M34     M10     M20     M21    *<启动操作             >
 34 ───┤├─────┤/├─────┤/├─────┤├─────┤/├──┬────────────────────┤ SET    M10  ├
        "启动"按钮 联机方式  运行状态  准备就绪  缺料报警 │                     运行状态
         │                                       │
           M1000    M34                          │
        ──┤├─────┤├──┘                           └───────────────┤ SET    S0   ├
         全线运行   联机方式
```

图 2-5　主程序梯形图

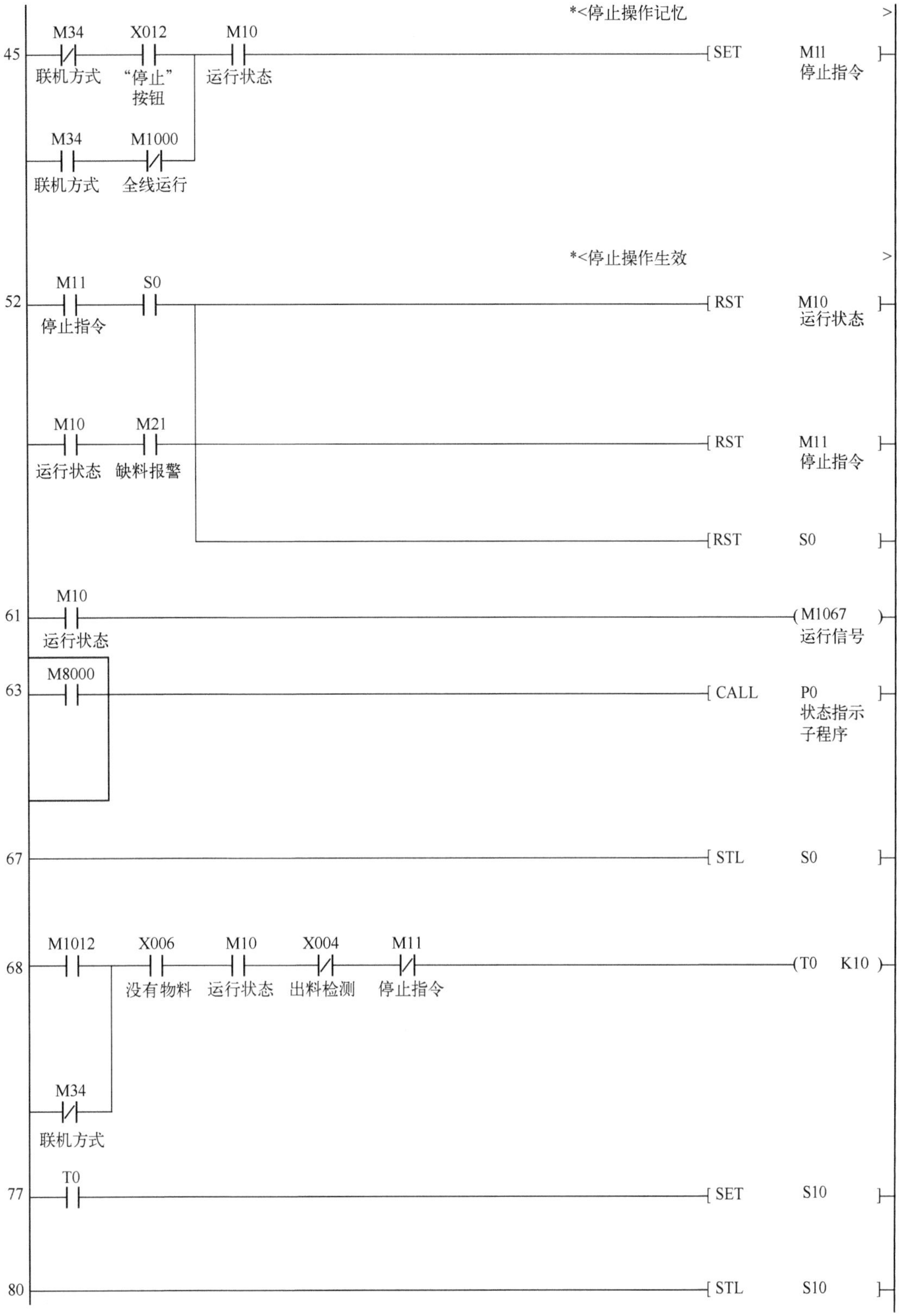
*<停止操作记忆
45
M34
联机方式
X012
“停止”按钮
M10
运行状态
SET
M11
停止指令
M34
联机方式
M1000
全线运行
*<停止操作生效
52
M11
停止指令
S0
RST
M10
运行状态
M10
运行状态
M21
缺料报警
RST
M11
停止指令
RST
S0
61
M10
运行状态
M1067
运行信号
63
M8000
CALL
P0
状态指示子程序
67
STL
S0
68
M1012
X006
没有物料
M10
运行状态
X004
出料检测
M11
停止指令
T0
K10
M34
联机方式
77
T0
SET
S10
80
STL
S10

图 2-5　主程序梯形图（续）

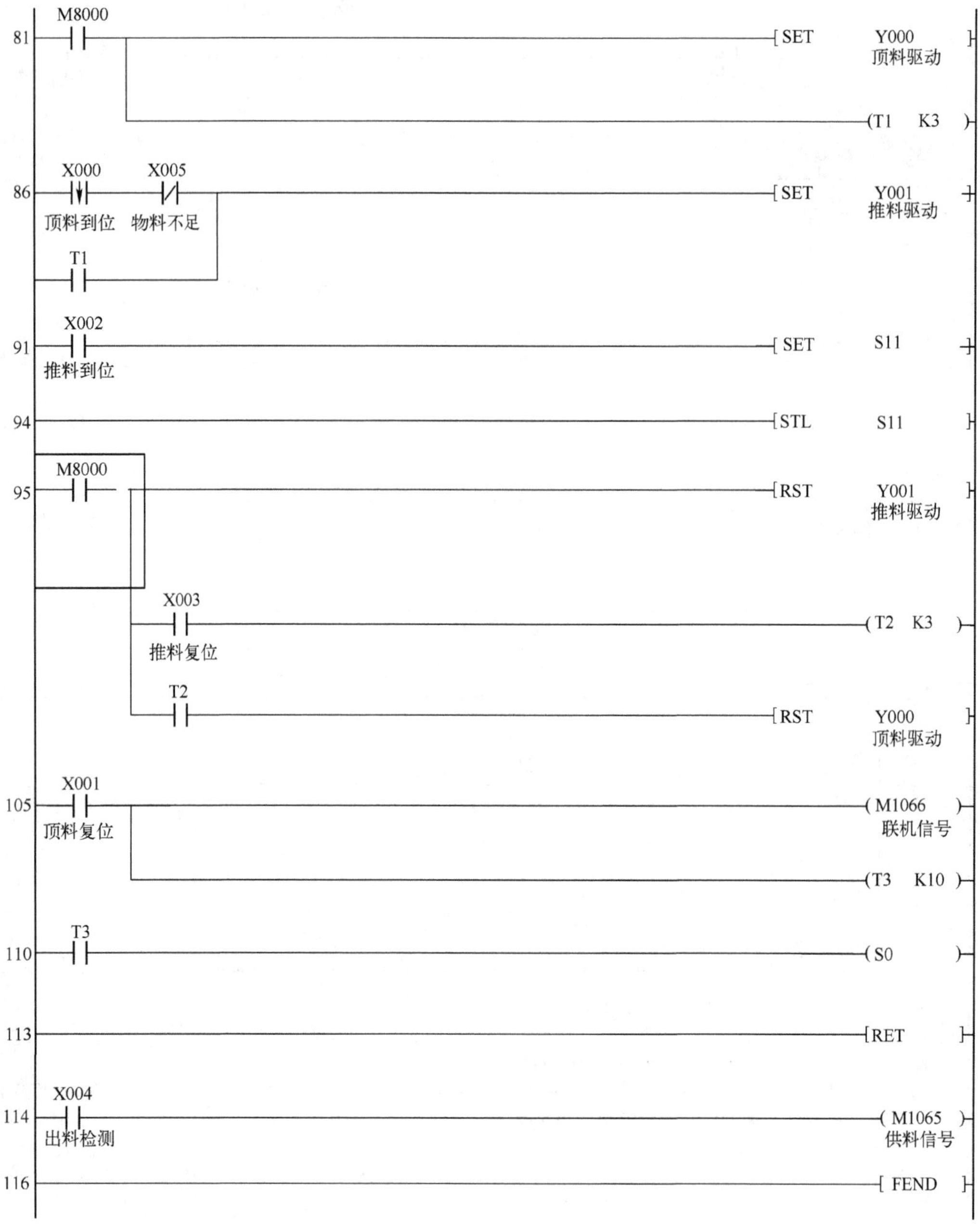

图 2-5　主程序梯形图（续）

2）检查磁性开关的安装位置是否到位，磁性开关工作是否正常。

3）检查 I/O 接线是否正确。

4）检查光电式传感器安装是否合理，其灵敏度是否合适，保证检测的可靠性。

5）放入工件，运行程序且观察供料单元动作是否满足任务要求。

6）调试各种可能出现的情况，如需在任何情况下都可以加入工件，那么系统要确保能可靠工作。

7）优化程序。

16

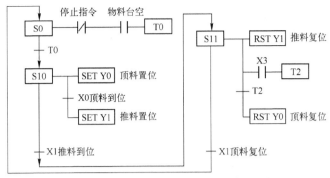

图 2-6　供料控制子程序的步进顺序流程图

2.2　加工单元的结构和工作过程

加工单元的功能是把待加工工件从物料台移送到加工区域冲压气缸的正下方，完成对工件的冲压加工，然后把加工好的工件重新送回物料台。

加工单元装置侧主要结构组成为：加工台及滑动机构，加工（冲压）机构，电磁阀组，接线端口，底板等。其中，该单元机械结构总成如图 2-7 所示。

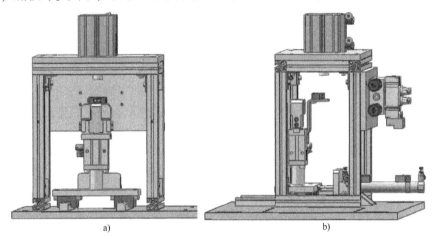

图 2-7　加工单元机械结构总成

a）前视图　b）右视图

1. 加工台及滑动机构

加工台及滑动机构如图 2-8 所示。加工台用于固定被加工件，并把工件移到加工（冲压）机构正下方对其进行冲压加工。它主要由气动手指、手爪、加工台伸缩气缸、线性导轨及滑块、磁感应接近开关和漫射型光电式传感器组成。

滑动加工台的工作原理：滑动加工台在系统正常工作后的初始状态为伸缩气缸伸出、加工台气动手指张开，当输送机构把工件送到物料台上，物料检测传感器检测到工件后，PLC控制程序驱动气动手指将工件夹紧→加工台回到加工区域冲压气缸下方→冲压气缸活塞杆向下伸出以冲压工件→完成冲压动作后冲压气缸活塞杆向上缩回→加工台重新伸出→到位后气动手指松开，最终完成工件加工流程，并向系统发出加工完成信号，为下一次工件的到来加工做准备。

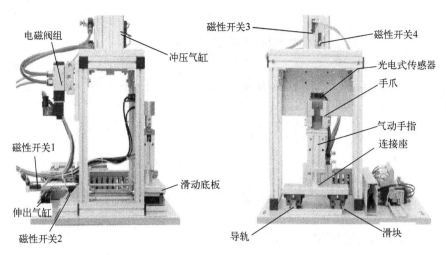

图 2-8　加工台及滑动机构

在加工台上装有一个漫射型光电接近开关。若加工台上没有工件，则漫射型光电接近开关处于常态；若加工台上有工件，则光电接近开关动作，表明加工台上已有工件。该光电接近开关的输出信号被送到加工单元 PLC 的输入端，用于判别加工台上是否有工件需要进行加工；当加工过程结束后，加工台伸出到初始位置。同时，PLC 通过通信网络，把加工完成信号回馈给系统，以协调控制。

在本实训设备中加工台上安装的漫射型光电接近开关是 E3Z–L61 型放大器内置型光电接近开关（细小光束型）。

加工台伸出和缩回的极限位置是通过调整伸缩气缸上两个磁性开关位置来定位的。要求缩回位置位于加工冲头正下方；伸出位置应与输送单元的抓取机械手装置配合，确保输送单元的抓取机械手能顺利地把待加工工件放到物料台上。

2. 加工（冲压）机构

加工（冲压）机构如图 2-9 所示。加工（冲压）机构用于对工件进行冲压加工。它主要由冲压气缸、冲压头和安装板等组成。

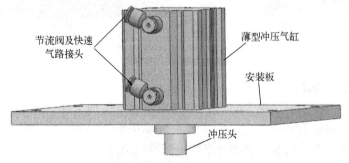

图 2-9　加工（冲压）机构

冲压机构的工作原理：当工件到达冲压位置即伸缩气缸活塞杆缩回到位时，冲压气缸伸出对工件进行加工，完成加工动作后冲压气缸缩回，为下一次冲压做准备。

冲压头被安装在冲压气缸头部，根据工件的加工要求对工件进行冲压加工。安装板用于安装冲压气缸，对冲压气缸进行固定。

2.2.1 加工单元 PLC 的 I/O 接线

加工单元 PLC 的 I/O 接线如图 2-10 所示。

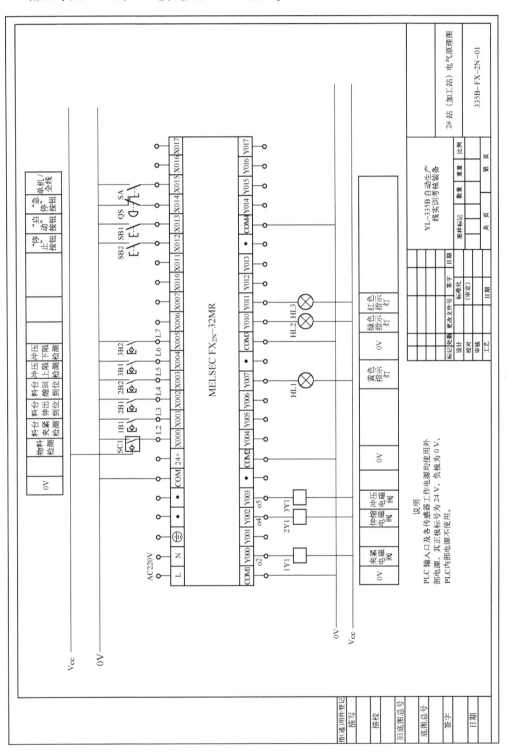

图2-10 加工单元PLC的I/O接线图
a) FX₂ₙ-32MR的I/O接线图

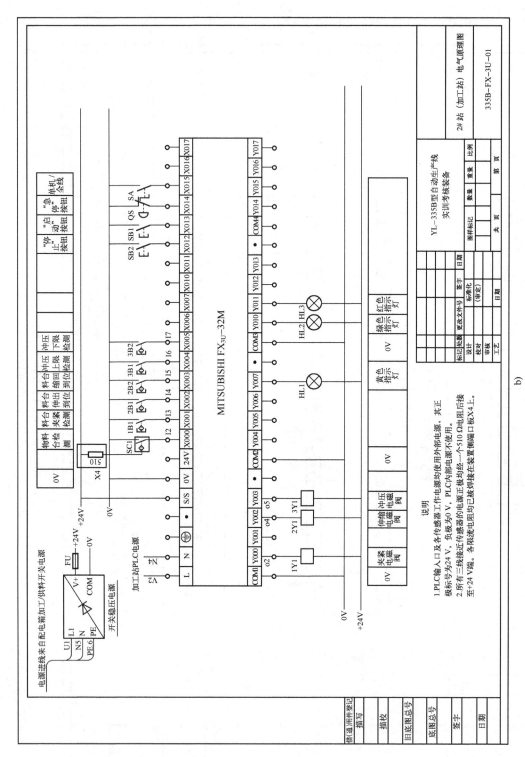

b)

图2-10 加工单元PLC的I/O接线图（续）

b) FX₃U-32M的I/O接线图

2.2.2　加工单元气动控制回路工作原理

加工单元的气动控制元件均采用二位五通单电控电磁换向阀，各电磁阀均带有手动换向和加锁钮。它们被集中安装成阀组而固定在冲压支架后面。

气动控制回路的工作原理如图 2-11 所示。3B1 和 3B2 为安装在冲压气缸两个极限工作位置的磁感应接近开关，2B1 和 2B2 为安装在加工台伸缩气缸的两个极限工作位置的磁感应接近开关，1B1 和 1B2 为安装在工件夹紧气缸工作位置的磁感应接近开关。3Y1、2Y1 和 1Y1 分别为控制冲压气缸、加工台伸缩气缸和工件夹紧气缸的电磁阀的电磁控制端。

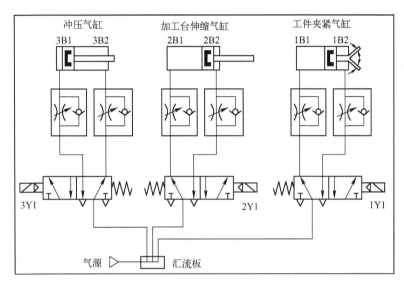

图 2-11　加工单元气动控制回路工作原理图

2.2.3　加工单元调试与运行

1. 工作任务

本节只考虑加工单元作为独立设备运行时的情况，加工单元的按钮和指示灯模块上的工作方式选择开关应置于"单站方式"位置。其具体的控制要求如下。

1) 初始状态：设备通电和气源接通后，滑动加工台伸缩气缸处于伸出位置，加工台气动手指处于松开的状态，冲压气缸处于缩回位置，急停按钮没有被按下。

若设备处在上述初始状态，则"正常工作"指示灯 HL1 常亮，表示设备准备好。否则，该指示灯以 1 Hz 的频率闪烁。

2) 若设备已准备好，则按下启动按钮，设备启动，"设备运行"指示灯 HL2 常亮。当待加工工件被送到加工台上并检出后，设备执行将工件夹紧的动作，然后将其送往加工区域冲压，完成冲压动作后返回待料位置。如果没有停止信号输入，当再有待加工工件被送到加工台上时，加工单元又开始下一周期工作。

3) 在工作过程中，若按下停止按钮，则加工单元在完成本周期的动作后停止工作。指示灯 HL2 熄灭。

本节要求完成的任务总结如下。

1) 规划 PLC 的 I/O 分配及接线端子分配。

2）进行系统安装接线和气路连接。

3）编制 PLC 程序。

4）进行调试与运行。

2. 编写和调试 PLC 控制程序

加工单元工作流程与供料单元类似，也是 PLC 通电后应首先进入初始状态检查阶段，确认系统已经准备就绪后，才允许接收启动信号投入运行。但加工单元工作任务中增加了急停功能。为了使急停发生后系统停止工作的同时能进行状态保持，以便急停复位后能从急停前的断点开始继续运行，可以采用两种方法实现，一是用条件跳转（CJ）指令实现，另一种方法是用主控指令实现。这里暂且只讨论用条件跳转（CJ）指令实现的方法。

用条件跳转指令实现急停信号处理的程序梯形图如图 2-12 所示。图中，当急停按钮被按下时，跳转指令执行条件满足，程序跳转到指令所指定的指针标号 P0 处继续执行。安排在跳转指令后面的步进顺序控制程序段被跳转而不再执行。

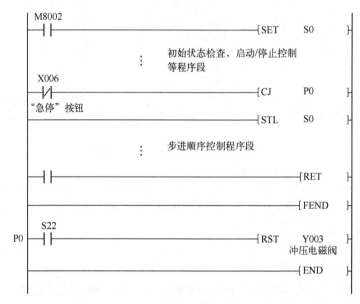

图 2-12　急停信号处理的程序梯形图

由于执行条件跳转指令后，被跳转部分程序将不再被扫描，这意味着，跳转前的输出状态（执行结果）将被保留，步进顺序控制程序段的状态将被保持，直到急停按钮复位后加工单元又能继续工作。但必须注意的是，如果急停恰好发生在 S22 步，正值冲压头压下，则程序跳转后，压下状态将会被保持下来，因此需要在 FEND 指令与 END 指令之间加上复位冲压电磁阀的程序段。

当急停按钮未被按下时，程序按顺序执行，直至遇到主程序结束指令 FEND 为止。

3. 调试与运行

1）调整气动部分，检查气路是否正确，气压是否合理，气缸的动作速度是否合理。

2）检查磁性开关的安装位置是否到位，磁性开关工作是否正常。

3）检查 I/O 接线是否正确。

4）检查光电式传感器安装是否合理，灵敏度是否合适，保证检测的可靠性。

5) 放入工件，运行程序并观察加工单元动作是否满足任务要求。

6) 调试各种可能出现的情况，确保任何情况下加入工件，系统都能可靠工作。

7) 优化程序。

问题与思考

- 总结气动连线、传感器接线、I/O 接线的检查及故障排除方法。
- 如果在加工过程中出现意外情况应如何处理。
- 如果采用网络控制应如何实现？
- 加工单元各种可能会出现的问题是什么？

2.3 装配单元的结构和工作过程

装配单元的功能是将该单元料仓内的黑色或白色小圆柱形工件嵌入到放置在装配料斗的待装配工件中。

装配单元的结构组成包括：管形料仓，供料机构，回转物料台，机械手，待装配工件的定位机构，气动系统及其阀组，信号采集及自动控制系统，以及用于电器连接的端子排组件，用于整条生产线状态指示的信号灯，用于其他机构安装的铝型材支架及底板，传感器安装支架等其他附件。其机械装配图如图 2-13 所示。

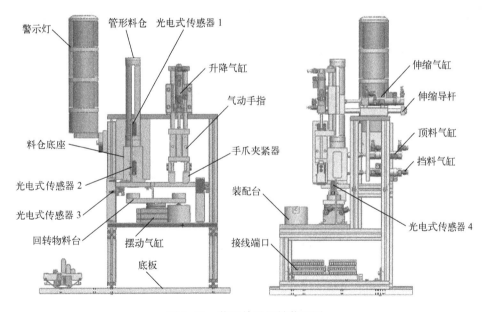

图 2-13 装配单元机械装配图

1. 管形料仓

管形料仓用来存储装配用的金属或塑料材质的颜色为黑色或白色小圆柱形零件。它由塑料圆管和中空底座构成。塑料圆管顶端放置加强金属环，以防止破损。由于二者之间有一定的间隙，因此工件竖直放入料仓的空心管内时，能在重力作用下自由下落。

为了能在料仓供料不足和缺料时报警，在塑料圆管底部和底座处分别安装了两个漫反射光电式传感器（E3Z-L 型），并在料仓塑料圆柱上纵向铣槽，以使光电式传感器的红外光斑能可靠地照射到被检测的物料上。对光电式传感器的灵敏度调整使其能检测到黑色物料为准则。

2. 落料机构

图 2-14 为落料机构剖视图。图中，料仓底座的背面安装了两个直线气缸。上面的气缸称为顶料气缸，下面的气缸称为挡料气缸。

系统气源接通后，顶料气缸的初始位置在缩回状态，挡料气缸的初始位置在伸出状态。这样，当从料仓上面放入工件时，工件将被挡料气缸活塞杆终端的挡块阻挡而不能落下。

需要进行落料操作时，首先使顶料气缸伸出，把次下层的工件夹紧，然后挡料气缸缩回，工件掉入回转物料台的料盘中。之后挡料气缸复位伸出，顶料

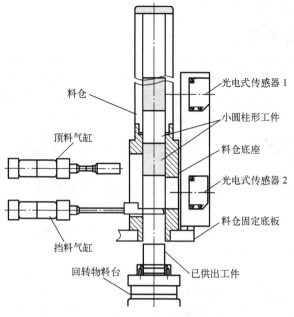

图 2-14　落料机构示意图

气缸缩回，次下层工件跌落到挡料气缸活塞杆终端挡块上，为再一次供料做准备。

3. 回转物料台

该机构主要由摆动气缸和两个料盘组成，摆动气缸能驱动料盘旋转 180°，实现把从落料机构落到料盘的工件移动到装配机械手装置正下方的功能，如图 2-15 所示。图中的光电式传感器 1 和光电式传感器 2 分别用来检测左面和右面料盘是否有零件。两个光电式传感器均选用 CX-441 型。

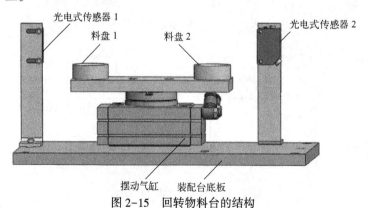

图 2-15　回转物料台的结构

4. 装配机械手装置

装配机械手装置是整个装配单元的核心。在装配机械手装置正下方的回转物料台的料盘上有小圆柱形零件，且装配台侧面的光纤传感器检测到装配台上有待装配工件的情况下，机械手从初始状态开始执行装配操作。装配机械手装置整体外形如图 2-16 所示。

装配机械手装置是一个三维运动的机构，它由水平方向移动和竖直方向移动的两个导向气缸和气动手指组成。

装配机械手装置的运行过程为：PLC 驱动与竖直移动导向气缸相连的电磁换向阀动作，由竖直移动导向气缸驱动气动手指向下移动，到位后气动手指驱动手爪夹紧物料，并将夹紧信号通过磁性开关传送给 PLC。在 PLC 的控制下，竖直移动导向气缸复位，被夹紧的物料随气动手指一并被提起，离开回转物料台的料盘，被提升到最高位后，水平移动导向气缸在与之对应的换向阀的驱动下，活塞杆伸出，并移动到气缸前端位置后，竖直移动导向气缸再次被驱动下移，移动到最底端位置，气动手指松开以放下物料，经短暂延时，竖直移动导向气缸和水平移动导向气缸缩回，机械手恢复初始状态。

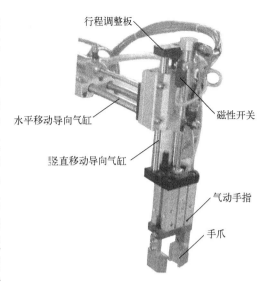

图 2-16　装配机械手装置的整体外形

在整个机械手动作的过程中，除气动手指松开到位时无传感器检测外，其余动作的到位信号检测均采用与气缸配套的磁性开关，采集到的信号被输入 PLC，由 PLC 输出信号驱动电磁阀换向，使由气缸及气动手指组成的机械手按程序自动运行。

5. 装配台料斗

输送单元运送来的待装配工件直接被放置在该机构的料斗定位孔中，由定位孔与工件之间的较小的间隙配合实现定位，从而完成准确的装配动作和定位精度，如图 2-17 所示。

为了确定装配台料斗内是否放置了待装配工件，需要使用光纤传感器进行检测。于是在料斗的侧面开了一个 M6 的螺孔，光纤传感器的光纤探头就固定在螺孔内。

6. 警示灯

本工作单元上安装有红、橙、绿三色警示灯，它们是作为整个系统警示用的。警示灯有 5 根引出线，其中黄绿交叉线为"地线"，直接接到接线端子排上的接地端；其余颜色导线为：红色线为红色灯控制线；黄色线为橙色灯控制线；绿色线为绿色灯控制线；黑色线为信号灯公共控制线。警示灯及信号线的接法如图 2-18 所示。

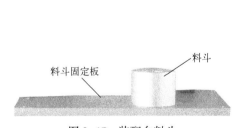

图 2-17　装配台料斗

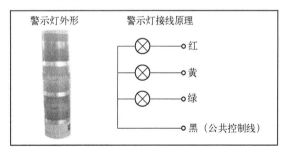

图 2-18　警示灯及信号线的接法

2.3.1　装配单元 PLC 的 I/O 接线

装配单元 PLC 的 I/O 接线如图 2-19 所示。

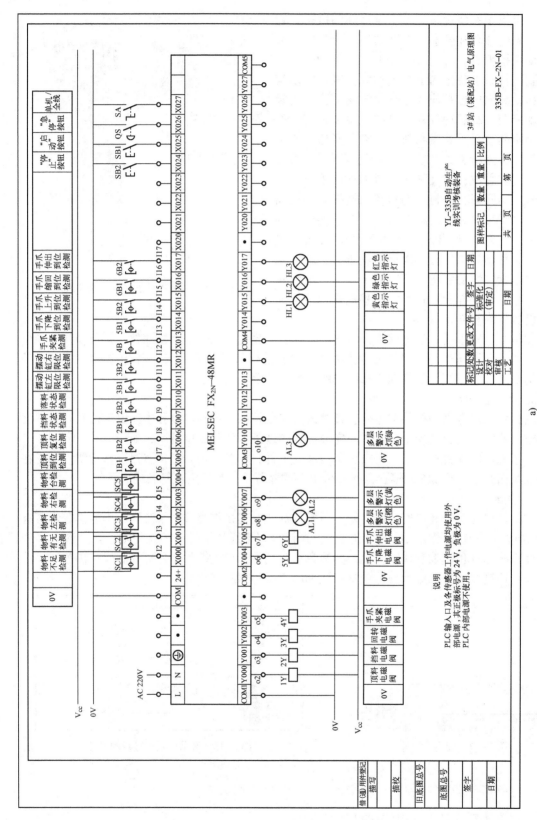

图2-19 装配单元PLC的I/O接线图
a) FX₂N-48MR的I/O接线图

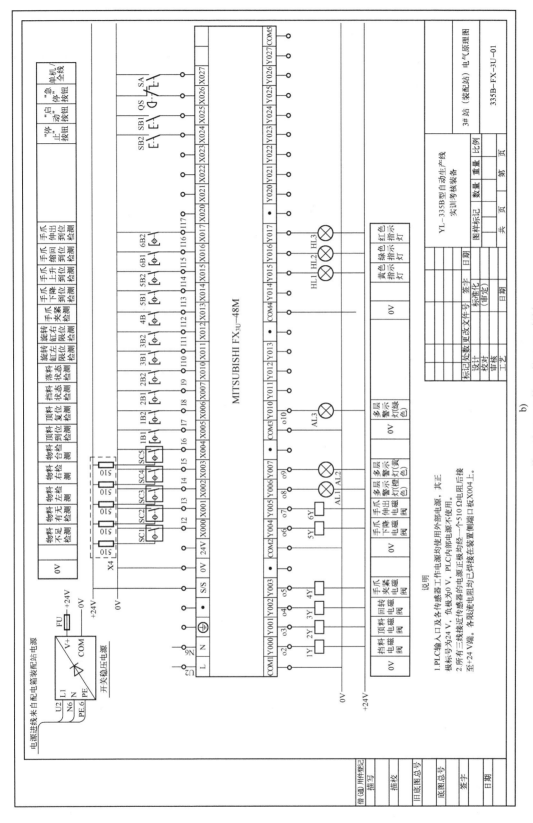

图2-19 装配单元PLC的I/O接线图（续）

b) FX₃U-48M的I/O接线图

2.3.2 装配单元气动控制回路工作原理

装配单元的阀组由 6 个二位五通单电控电磁换向阀组成，如图 2-20 所示。这些阀分别对供料、位置变换和装配动作气路进行控制，以改变执行机构的动作状态。气动控制回路图如图 2-21 所示。

图 2-20　装配单元的阀组

在进行气路连接时，注意各气缸的初始位置，其中，挡料气缸在伸出位置，手爪提升气缸在提起位置。

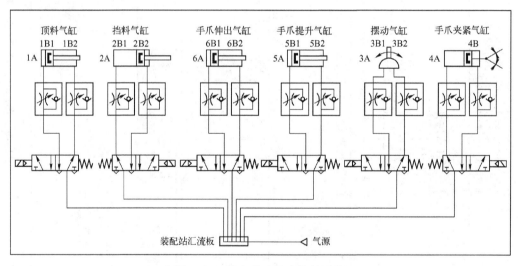

图 2-21　装配单元气动控制回路

2.3.3 装配单元调试与运行

1. 工作任务

1）装配单元各气缸的初始位置为：挡料气缸处于伸出状态，顶料气缸处于缩回状态，装配机械手装置的升降气缸处于提升状态，伸缩气缸处于缩回状态，手爪处于松开状态。

设备通电和气源接通后，若各气缸满足初始位置要求，且料仓中已经有足够的小圆柱形零件，同时工件装配台上没有待装配工件，则"正常工作"指示灯 HL1 常亮，表示设备已准备好。否则该指示灯以 1 Hz 的频率闪烁。

2）若设备已准备好，按下启动按钮，装配单元启动，"设备运行"指示灯 HL2 常亮。

如果回转台上的左料盘内没有小圆柱形零件，则执行下料操作；如果左料盘内有零件，而右料盘内没有零件，则执行回转台回转操作。

3）如果回转台上的右料盘内有小圆柱形零件且装配台上有待装配工件，则执行装配机械手装置抓取小圆柱形零件，并将其放入待装配工件中的操作。

4）完成装配任务后，装配机械手装置应返回初始位置，等待下一次装配。

5）若在运行过程中按下"停止"按钮，则供料机构应立即停止供料，在装配条件满足的情况下，装配单元在完成本次装配后会立即停止工作。

6）在运行中发生"零件不足"报警时，指示灯 HL3 以 1 Hz 的频率闪烁，接示灯 HL1 和 HL2 常亮；在运行中发生"零件没有"报警时，指示灯 HL3 以亮 1 s、灭 0.5 s 的方式闪烁，指示灯 HL2 熄灭，HL1 常亮。

2. 编写和调试 PLC 控制程序

1）进入运行状态后，装配单元的工作过程包括两个相互独立的子过程，一个是供料过程，另一个是装配过程。

供料过程就是通过供料机构的操作，使料仓中的小圆柱形零件落到回转台左边料盘上；然后回转台转动，使装有零件的料盘转移到右边，以便装配机械手装置抓取零件。

装配过程是当装配台上有待装配工件，且装配机械手装置下方有小圆柱形零件时，进行装配操作。

在主程序中，当初始状态检查结束，确认单元准备就绪，按下"启动"按钮进入运行状态后，应同时调用供料控制和装配控制两个程序。如图 2-22 所示，图中 S0 为供料控制步进顺序段，S1 为装配控制步进顺序段。

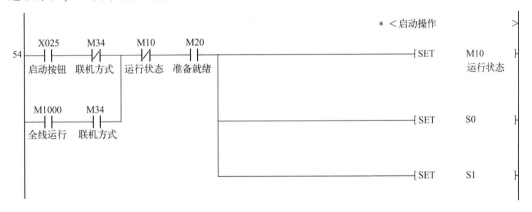

图 2-22　调用工料与装配控制

2）供料控制过程包含两个互相联锁的过程，即落料过程和回转台转动、料盘转移的过程。在小圆柱形零件从料仓下落到左料盘的过程中，禁止回转台转动；反之，在回转台转动过程中，禁止打开料仓（挡料气缸缩回）落料。

实现联锁的方法是：①当回转台的左限位或右限位磁性开关动作并且左料盘没有物料时，经定时确认后，开始落料过程；②当挡料气缸伸出到位使料仓关闭、左料盘有物料而右料盘为空时，经定时确认后，回转台开始转动，直到达到限位位置。

3）供料过程的落料控制和装配控制过程都是单序列步进顺序控制，具体编程步骤这里不再赘述。

4）停止运行有两种情况。一是在运行中按下停止按钮，停止指令被置位；另一种情况是当料仓中最后一个零件落下时，检测物料有无的传感器动作（X001 OFF），发出缺料报警。

对于供料过程的落料控制，上述两种情况均应在料仓关闭、顶料气缸复位到位（即返回到初始步）后，停止下次落料，并使落料初始步复位。但对于回转台转动控制，一旦停止指令发出，则应立即停止回转台转动。

对于装配控制，上述两种情况也应在一次装配完成后装配机械手装置返回到初始位置时停止。

仅当落料机构和装配机械手装置均返回到初始位置时，才能让运行状态标志和停止指令复位。停止运行的操作对应的程序应在主程序中进行编制，其梯形图如图 2-23 所示。

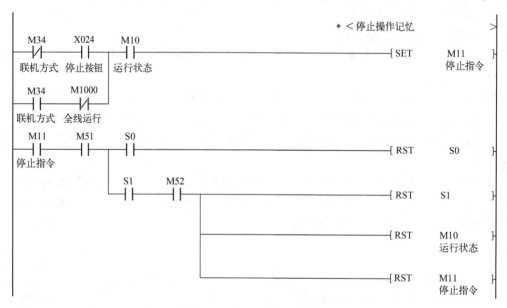

图 2-23　停止运行的梯形图

3. 调试与运行

1）调整气动部分，检查气路是否正确，气压是否合理，气缸的动作速度是否合理。

2）检查磁性开关的安装位置是否到位，磁性开关工作是否正常。

3）检查 I/O 接线是否正确。

4）检查传感器安装是否合理，灵敏度是否合适，保证检测的可靠性。

5）放入工件，运行程序并观察装配单元动作是否满足任务要求。

2.4　分拣单元的结构和工作过程

分拣单元是 YL-335B 中的最末位的单元，用于完成对上一单元送来的已加工且装配好的工件的分拣，使不同颜色的工件从不同的料槽分流。当输送站送来工件被放到传送带上并被入料口光电式传感器检测到时，即启动变频器，工件开始被送入分拣区进行分拣。

分拣单元主要结构组成为：传送和分拣机构，传动带驱动机构，变频器模块，电磁阀组，接线端口，PLC 模块，按钮和指示灯模块及底板等。其中，机械部分的装配总成如图 2-24 所示。

1. 传送和分拣机构

传送和分拣机构主要由传送带、出料滑槽、推料（分拣）气缸、漫射型光电式传感器、光纤传感器和磁感应接近式传感器组成。该机构的功能是传送已经加工且装配好的工件，并进行分拣。

传送带是把机械手输送过来的装配好的工件进行传输，将其输送至分拣区。导向器用于纠偏机械手输送过来的工件。

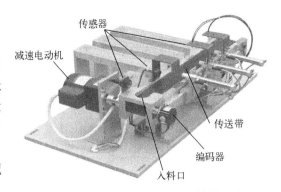

图 2-24　分拣单元的机械结构总成

三条物料槽分别用于存放装配好的黑芯工件、白芯塑料或金属工件。

传送和分拣的工作原理：入料口漫射型光电式传感器检测到输送单元送来工件后，将信号传输给 PLC，通过 PLC 的程序启动变频器，电动机运转以驱动传送带；光纤传感器对传送的工件进行识别；送入分拣区分拣，分拣要求如下。

1）如果为白芯金属件，则到达 1 号槽位时，传送带停止，1 号气缸将工件推到 1 号槽。

2）如果为白芯塑料件，则到达 2 号槽位时，传送带停止，2 号气缸将工件推到 2 号槽。

3）如果为黑芯工件（金属或塑料），则到达 3 号槽位时，传送带停止，3 号气缸将工件推到 3 号槽。

2. 传动带驱动机构

传动带驱动机构如图 2-25 所示。它采用的是三相减速电动机，用于拖动传送带以输送物料。它主要由电动机支架、电动机和联轴器等组成。

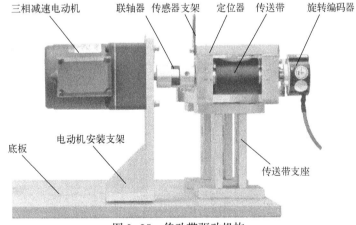

图 2-25　传动带驱动机构

三相减速电动机是传动机构的主要部分，其作用是驱动传送带运动以输送物料，电动机转速的快慢由变频器来控制。电动机安装支架用于固定电动机。联轴器把电动机的轴和传送带主动轮的轴连接起来，组成一个传动机构。

2.4.1　分拣单元 PLC 的 I/O 接线

分拣单元 PLC 的 I/O 接线图如图 2-26 所示。

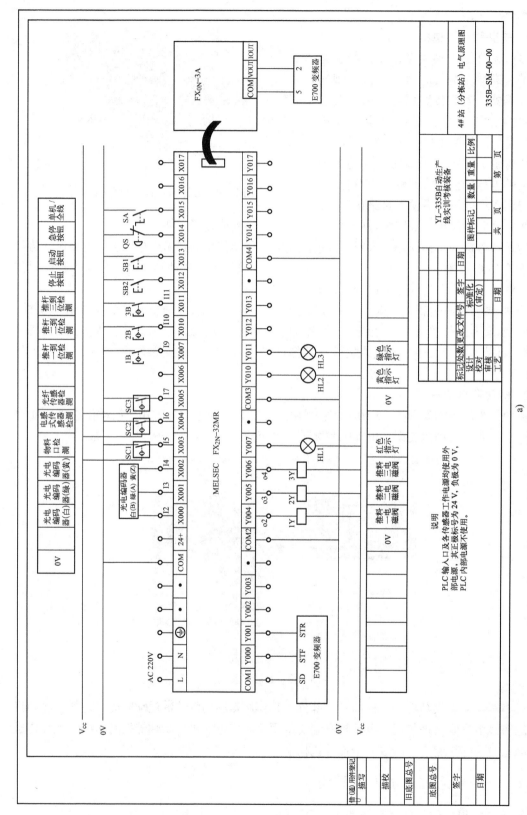

图2-26 分拣单元PLC的I/O接线图
a) Fx2N-32MR的I/O接线图

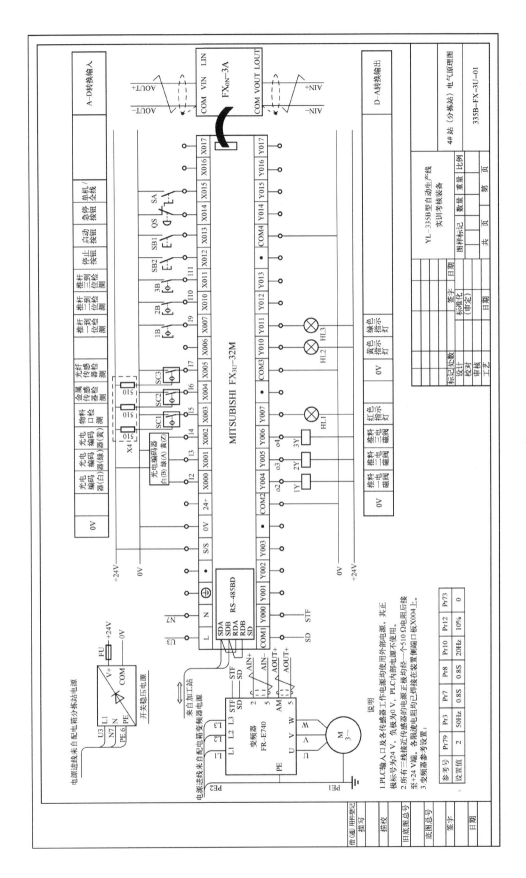

图2-26 分拣单元PLC的I/O接线图（续）

b)

b) FX₃U-32M的I/O接线图

2.4.2　分拣单元气动控制回路工作原理

分拣单元的电磁阀组使用了3个由二位五通的带手控开关的单电控电磁阀，它们被安装在汇流板上。这3个阀分别对金属物料、白芯塑料物料和黑芯塑料物料相应推动气缸的气路进行控制，以改变各自的动作状态。

分拣单元气动控制回路的工作原理如图2-27所示。图中1A、2A和3A分别为分拣气缸一、分拣气缸二和分拣气缸三。1B1、2B1和3B1分别为安装在各分拣气缸的前极限工作位置的磁感应接近开关。1Y1、2Y1和3Y1分别为控制3个分拣气缸电磁阀的电磁控制端。

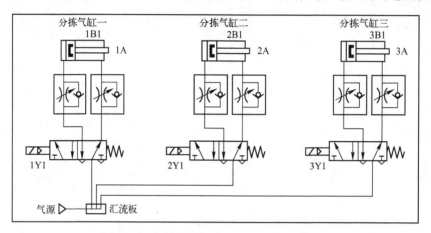

图2-27　分拣单元气动控制回路工作原理图

2.4.3　分拣单元调试与运行

1. 单独分拣的工作任务

1）设备的工作目标是完成对白芯金属或塑料工件和黑芯金属或塑料工件进行分拣。为了在分拣时准确推出工件，要求使用旋转编码器作定位检测，并且工件材料和芯体颜色属性应在推料气缸前的适当位置被检测出来。

2）设备通电和气源接通后，若工作单元的3个气缸均处于缩回位置，则"正常工作"指示灯HL1常亮，表示设备准备好。否则该指示灯以1 Hz的频率闪烁。

3）若设备准备好，则按下启动按钮，系统启动，"设备运行"指示灯HL2常亮。当传送带入料口通过人工方式放下已装配的工件时，变频器立即启动，驱动传动电动机以频率为30 Hz的速度，把工件带往分拣区。

已完成加工和装配工作的工件如图2-28所示。如果工件为白芯金属件，则该工件到达1号滑槽中间，传送带停止，工件被推到1号槽中；如果工件为白芯塑料件，则该工件到达2号滑槽中间，传送带停止，工件被推到2号槽中；如果工件为黑芯，则该工件到达3号滑槽中间，传送带停止，工件被推到3号槽中。工件被推出滑槽后，分拣工作单元的一个工作周期结束。仅当工件被推出滑槽后，才能再次向传送带下料。

如果在运行期间按下停止按钮，则分拣工作单元在本工作周期结束后停止运行。

2. 套件分拣的工作任务

套件分拣要求按一定的配套关系对工件进行分拣。

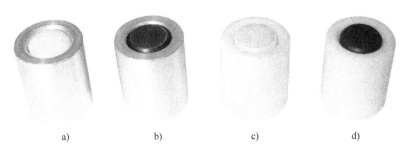

图 2-28 已完成加工和装配工作的工件

a) 金属-（白）　b) 金属-（黑）　c) 塑料-（白）　d) 塑料-（黑）

例如要求通过分拣机构，从 1 号滑槽输出满足第一种套件关系（一个白芯金属工件和一个白芯塑料工件搭配组合成一组套件）的工件；从 2 号滑槽输出满足第二种套件关系（一个黑芯金属工件和一个黑芯塑料工件搭配组合成一组套件）的工件；并假定每完成一组套件的输出，就被打包机构取出，而分拣时不满足上述套件关系的工件从 3 号滑槽输出后作为散件。

显然套件的分拣比单纯按工件材质进行分拣要更复杂。编程的方法是，在每次对工件材质检测完成后，根据工件材质及当前滑槽中已推出的工件状况，按一定的算法判别工件的流向。如果算法比较复杂，则可用子程序调用的方法，使程序更为简洁，可读性更好。

图 2-29 给出了主程序步进顺序控制中工件检测工步（S10）的梯形图，当工件被传送到检测区出口时，就能根据检测区中传感器动作记忆下来的信号数据（M4 和 M5）确定工件的材质，从而赋予其一个特征值。由图 2-29 可见，对白芯塑料工件，D105＝1；对白芯金属工件，D105＝2；对黑芯塑料工件，D105＝4；对黑芯金属工件，D105＝8。接着可根据D105 的值以及当前滑槽中已推出的工件状况进行工件的流向分析，此分析是在子程序 P10中进行的。分析完成后 M4 和 M5 即可复位，以便进行下一个工件的检测。流向分析的结果决定下一步的动作。

图 2-30 给出了流向分析子程序梯形图。由图可见，流向分析的算法是：把当前工件的特征值与当前两个滑槽中已推入工件的特征值（K2M20）进行一次"或"运算，若运算结果大于当前特征值，则工件可推入滑槽 1 或 2 中，否则推入滑槽 3 中。

例如，设当前两个滑槽中已推入的工件状况为：若槽 1 已有一个白芯塑料工件，槽 2 已有一个黑芯金属工件，则 K2M20＝9（二进制值为 1001），若当前传送的工件为黑芯塑料工件，特征值 D105＝4（二进制值为 0100），两者"或"运算的结果为 D106＝13（二进制值为1101），比当前特征值大，故工件应推入滑槽 2 中。

3. 程序结构和程序调试

1）分拣单元的主要工作过程是分拣控制。在通电后，应首先进行初始状态的检查，确认系统准备就绪后，按下启动按钮，系统进入运行状态，才开始分拣过程的控制。初始状态检查的程序流程与前面所述的供料和加工等单元是类似的。但前面所述的几个特定位置数据，须在通电后的第 1 个扫描周期写到相应的数据存储器中。

系统进入运行状态后，应随时检查是否有停止按钮被按下。若停止指令已经发出，则应在系统完成一个工作周期回到初始步后，使运行状态和初始步复位以使系统停止。

这一部分程序的编制，读者可自行完成。

2）分拣过程是一个步进顺控程序，其编程思路如下。

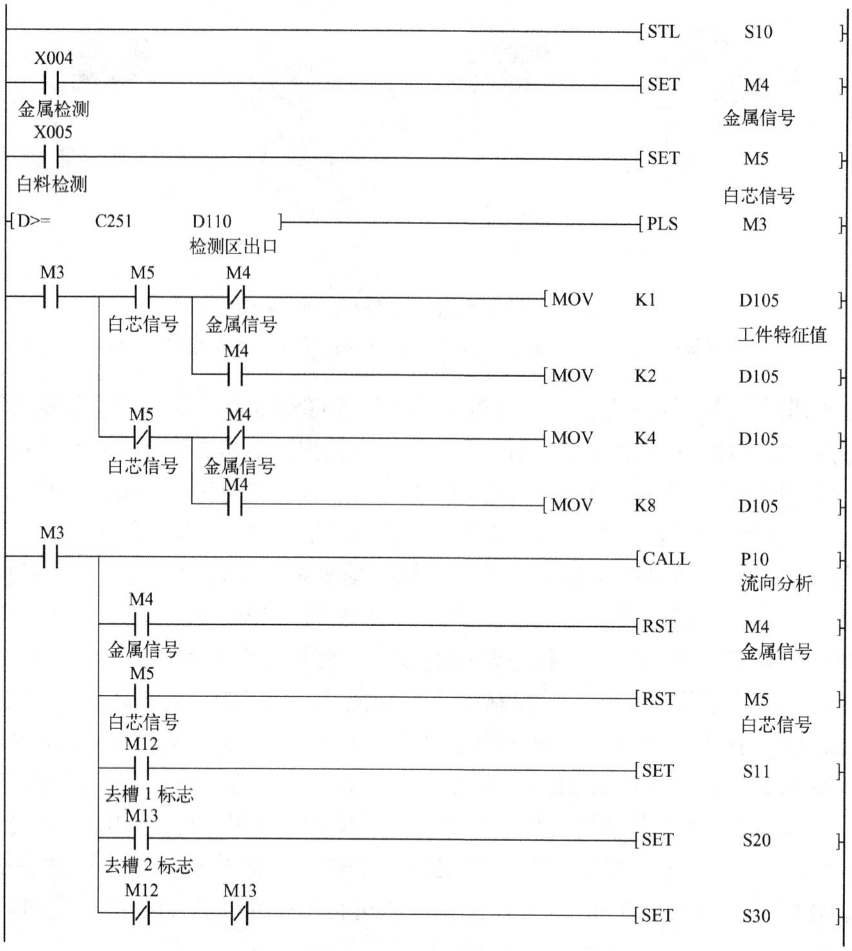

```
                                                          ─────[STL    S10  ]
      X004
     ──┤├─────────────────────────────────────────────────[SET    M4   ]
     金属检测                                                      金属信号
      X005
     ──┤├─────────────────────────────────────────────────[SET    M5   ]
     白料检测                                                      白芯信号
     ─[D>=    C251    D110  ]──────────────────────────────[PLS    M3   ]
                      检测区出口
       M3      M5      M4
     ──┤├─────┤/├─────┤/├──────────────────────[MOV    K1    D105 ]
             白芯信号  金属信号                              工件特征值
                       M4
                     ──┤├─────────────────────[MOV    K2    D105 ]
               M5      M4
             ──┤/├─────┤├──────────────────────[MOV    K4    D105 ]
             白芯信号  金属信号
                       M4
                     ──┤├─────────────────────[MOV    K8    D105 ]
       M3
     ──┤├──────────────────────────────────────────────────[CALL   P10  ]
                                                                   流向分析
               M4
             ──┤├──────────────────────────────────────────[RST    M4   ]
             金属信号                                               金属信号
               M5
             ──┤├──────────────────────────────────────────[RST    M5   ]
             白芯信号                                               白芯信号
               M12
             ──┤├──────────────────────────────────────────[SET    S11  ]
             去槽1标志
               M13
             ──┤├──────────────────────────────────────────[SET    S20  ]
             去槽2标志
               M12     M13
             ──┤/├─────┤/├────────────────────────────────[SET    S30  ]
```

图 2-29 工件检测后对其流向分析的梯形图

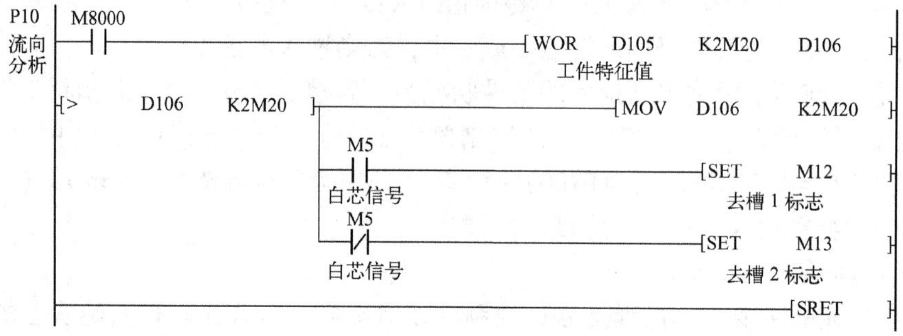

```
P10   M8000
流向 ──┤├────────────────────────────[WOR    D105    K2M20    D106 ]
分析                                         工件特征值
     ─[>    D106    K2M20  ]─────────────────[MOV    D106    K2M20 ]
                             M5
                           ──┤├───────────────────────[SET    M12  ]
                           白芯信号                             去槽1标志
                             M5
                           ──┤/├───────────────────────[SET    M13  ]
                           白芯信号                             去槽2标志
                                                             ──[SRET ]
```

图 2-30 流向分析子程序梯形图

① 当检测到待分拣工件被下料到进料口后，复位高速计数器 C251，并以固定频率启动变频器以驱动电动机运转。

② 当工件经过安装传感器支架上的光纤探头和电感式传感器时，根据两个传感器动作与否，判别工件的属性，决定程序的流向。

C251 当前值与传感器位置值的比较可采用触点比较指令实现。完成上述功能的梯形图

36

如图 2-31 和图 2-32 所示。

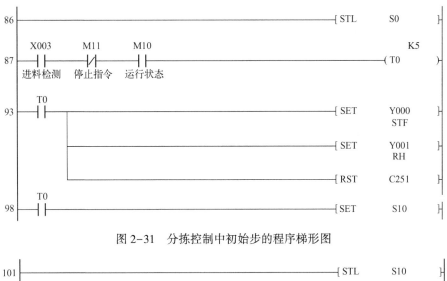

图 2-31　分拣控制中初始步的程序梯形图

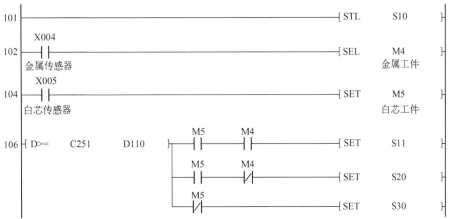

图 2-32　在传感器位置判别工件属性的程序梯形图

③ 根据工件属性和分拣任务要求，推料气缸在相应的位置把工件推出。推料气缸返回后，步进顺控子程序返回初始步。这部分程序的编制，读者可自行完成。

3）程序的调试。

① 调试程序时，对传感器灵敏度的调整和检测点位置的确定是判别工件属性的关键，应仔细、反复地进行调整。一般检测点位置约在光纤传感器中心往后 1~2 mm 处。

② 为了使工件准确地从推杆中心点推出，工件停止运动时应有一个提前量，此提前量与变频器减速时间和运动速度有关，应仔细调整。当变频器输出频率较高（如达到 50 Hz 以上），且变频器减速时间达到 1 s 以上时，应采用直流制动方式使电动机停车。

2.5　输送单元的结构和工作过程

输送单元的功能是驱动抓取机械手装置使其精确定位到指定单元的物料台，在物料台上抓取工件，并把抓取到的工件输送到指定地点然后放下。

YL-335B 在出厂配置时，输送单元在网络系统中担任着主站的角色，它接收来自触摸屏的系统主令信号，读取网络上各从站的状态信息，对其加以综合后，向各从站发送控制要求，协调整个系统的工作。

输送单元由抓取机械手装置、直线运动传动组件、拖链装置、PLC 模块、接线端口、按钮/指示灯模块等部件组成。图 2-33 所示为安装在工作台面上的输送单元装置侧部分。

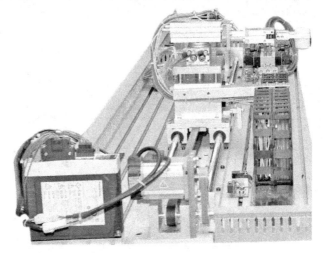

图 2-33　输送单元装置侧部分

1. 抓取机械手装置

抓取机械手装置是一个能实现多自由度运动（即升降、伸缩、气动手指夹紧/松开和沿垂直轴旋转的四自由度运动）的工作单元，该装置整体安装在直线运动传动组件的滑动溜板上，在传动组件的带动下整体作直线往复运动，被定位到其他各工作单元的物料台，然后完成抓取和放下工件的功能。图 2-34 是该装置实物图。

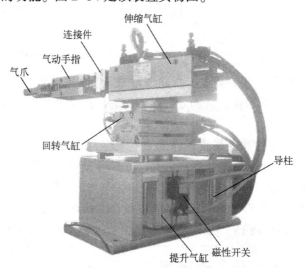

图 2-34　抓取机械手装置实物图

抓取机械手装置具体构成如下。

1）气动手指：用于在各个工作站物料台上抓取与放下工件，由一个二位五通双向电控电磁阀控制。

38

2）伸缩气缸：用于驱动手臂伸出与缩回，由一个二位五通单向电控电磁阀控制。

3）回转气缸：用于驱动手臂正反向90°旋转，由一个二位五通单向电控电磁阀控制。

4）提升气缸：用于驱动整个机械手提升与下降，由一个二位五通单向电控电磁阀控制。

2. 直线运动传动组件

直线运动传动组件用于拖动抓取机械手装置作直线往复运动，完成其精确定位。图2-35是该组件的俯视图。

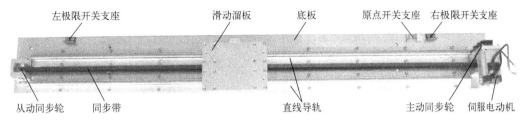

图2-35 直线运动传动组件俯视图

图2-36给出了直线运动传动组件和抓取机械手装置组装后的示意图。

传动组件由直线导轨底板、伺服电动机及伺服放大器、同步轮、同步带、直线导轨、滑动溜板、拖链和原点接近开关、左/右极限开关组成。

图2-36 直线运动传动组件和抓取机械手装置组装后的示意图

伺服电动机由伺服放大器驱动，通过同步轮和同步带带动滑动溜板沿直线导轨作直线往复运动。从而带动固定在滑动溜板上的抓取机械手装置作直线往复运动。同步轮齿距为5 mm，共12个齿，其旋转一周抓取机械手位移60 mm。

抓取机械手装置上所有气管和导线沿拖链敷设，进入线槽后分别连接到电磁阀组和接线端口上。

原点接近开关和左/右极限开关被安装在直线导轨底板上，如图2-37所示。

图2-37 原点开关和右极限开关

原点接近开关是一个无触点的电感式传感器，用来提供直线运动起始点的信号。

左/右极限开关均是有触点的微动开关，用来提供越程故障的保护信号：当滑动溜板在运动中越过左或右极限位置时，相应极限开关会动作，从而向系统发出越程故障信号。

2.5.1 输送单元PLC的I/O接线

输送单元PLC的I/O接线如图2-38所示。

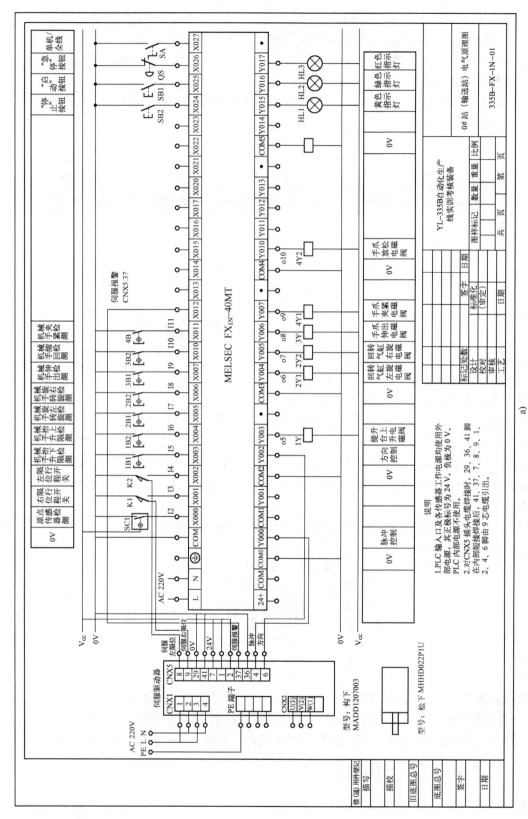

图2-38 输送单元PLC的I/O接线图
a) FX$_{1N}$-40MT的I/O接线图

40

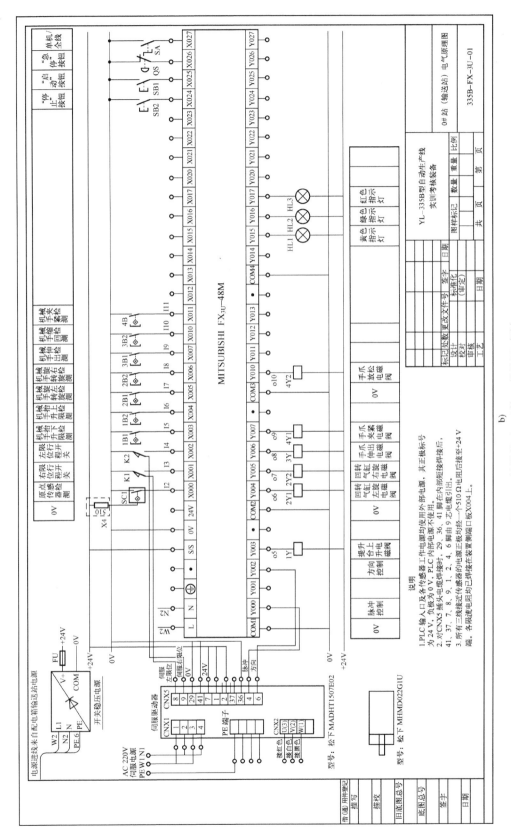

图2-38　输送单元PLC的I/O接线图（续）

b) FX₃U-48M的I/O接线图

2.5.2 输送单元气动控制回路工作原理

输送单元的抓取机械手装置上的所有气缸连接的气管沿拖链敷设后，被插接到电磁阀组上，其气动控制回路如图2-39所示。

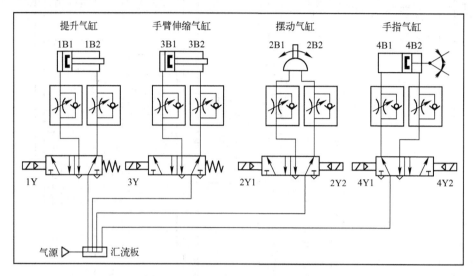

图2-39 输送单元气动控制回路原理图

在气动控制回路中，驱动摆动气缸和气动手指气缸的电磁阀采用的是二位五通双电控电磁阀，其电磁阀外形如图2-40所示。

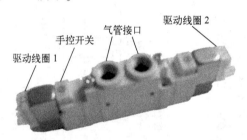

图2-40 双电控电磁阀外形示意图

双电控电磁阀与单电控电磁阀的区别在于，对于单电控电磁阀，在无电控信号时，阀芯在弹簧力的作用下会被复位，而对于双电控电磁阀，在两端都无电控信号时，阀芯的位置取决于前一个电控信号。

注意：双电控电磁阀的两个电控信号不能同时为"1"，即在控制过程中不允许两个线圈同时得电，否则可能会造成电磁线圈烧毁，当然在这种情况下阀芯的位置是不确定的。

2.5.3 输送单元调试与运行

1. 工作任务

输送单元单站运行的目标是测试设备传送工件的功能。要求其他各工作单元已经就位（如图2-41所示），并且在供料单元的物料台上放置了工件。

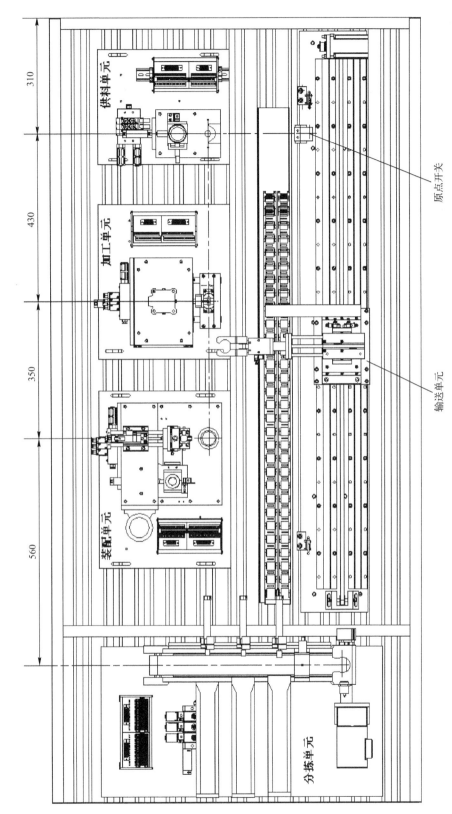

供料单元

加工单元

装配单元

分拣单元

原点开关

输送单元

图 2-41 YL-335B 自动化生产线设备俯视图

310 430 350 560

43

其具体测试要求如下。

1）输送单元在通电后，按下复位按钮 SB1，执行复位操作，使抓取机械手装置回到原点位置。在复位过程中，"正常工作"指示灯 HL1 以 1 Hz 的频率闪烁。

当抓取机械手装置回到原点位置，且输送单元各个气缸满足初始位置的要求时，复位完成，"正常工作"指示灯 HL1 常亮。按下启动按钮 SB2，设备启动，"设备运行"指示灯 HL2 也常亮，开始功能测试过程。

2）正常功能测试。

① 抓取机械手装置从供料单元物料台抓取工件，抓取的顺序是：手臂伸出→手爪夹紧抓取工件→提升台上升→手臂缩回。

② 抓取动作完成后，伺服电动机驱动机械手装置向加工单元移动，其移动速度不小于 300 mm/s。

③ 机械手装置移动到加工单元物料台的正前方后，即把工件放到加工单元物料台上。抓取机械手装置在加工单元放下工件的顺序是：手臂伸出→提升台下降→手爪松开并放下工件→手臂缩回。

④ 放下工件动作完成 2 s 后，抓取机械手装置执行抓取加工单元工件的操作。抓取的顺序与在供料单元抓取工件的顺序相同。

⑤ 抓取动作完成后，伺服电动机驱动机械手装置移动到装配单元物料台的正前方，然后把工件放到装配单元物料台上。其动作顺序与在加工单元放下工件的顺序相同。

⑥ 放下工件动作完成 2 s 后，抓取机械手装置执行抓取装配单元工件的操作。抓取的顺序与在供料单元抓取工件的顺序相同。

⑦ 抓取工件后机械手手臂缩回，摆台逆时针旋转 90°，伺服电动机驱动机械手装置从装配单元向分拣单元运送工件，到达分拣单元传送带上方入料口后把工件放下，其动作顺序与在加工单元放下工件的顺序相同。

⑧ 放下工件动作完成后，机械手手臂缩回，然后执行返回原点的操作。伺服电动机驱动机械手装置以 400 mm/s 的速度返回，返回 900 mm 后，摆台顺时针旋转 90°，然后以 100 mm/s 的速度低速返回原点后停止。

当抓取机械手装置返回原点后，一个测试周期结束。当供料单元的物料台上放置了工件时，再按一次启动按钮 SB2，可开始新一轮的测试。

3）非正常运行的功能测试。

若在工作过程中按下急停按钮 QS，则系统立即停止运行。在急停复位后，应从急停前的断点开始继续运行。但是若急停按钮被按下时，输送单元机械手装置正在向某一目标点移动，则急停复位后输送单元机械手装置应首先返回原点位置，然后再向原目标点移动。

在急停状态下，绿色指示灯 HL2 以 1 Hz 的频率闪烁，直到急停复位后恢复正常运行时，指示灯 HL2 恢复常亮。

2. 编写和调试 PLC 控制程序

1）主程序编写的思路。

从前面所述的传送工件功能测试任务可以看出，整个功能测试过程应包括通电后复位、传送功能测试、紧急停止处理和状态指示等部分，传送工件功能测试是一个步进顺序控制过程。在子程序中可采用步进指令驱动实现。

对紧急停止处理过程也要编写一个相应的子程序。急停按钮动作，输送单元立即停止工作，急停复位后，如果之前机械手处于运行过程中，需让机械手首先返回原点后，再重新执行急停前的指令。为了实现上面的功能，需要主控指令配合（MC，MCR）。

输送单元程序控制的关键点是伺服电动机的定位控制，本程序采用 FX_{1N} 绝对位置控制指令来定位。因此需要知道电动机运行到各工位绝对位置的脉冲数。表 2-1 列出了伺服电动机运行到各工位绝对位置的脉冲数。

表 2-1　伺服电动机运行到各工位绝对位置的脉冲数

序　号	站　点		脉　冲　量	移动方向
0	低速回零位（ZRN）			
1	ZRN（零位）→供料站　　22 mm		2200	
2	供料站→加工站	430 mm	43000	DIR
3	供料站→装配站	780 mm	78000	DIR
4	供料站→分拣站	1340 mm	104000	DIR

综上所述，主程序应包括通电初始化、复位过程（子程序）和准备就绪后投入运行等阶段。主程序清单如图 2-42~图 2-45 所示。

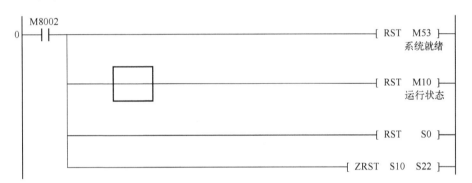

图 2-42　主程序梯形图部分 1

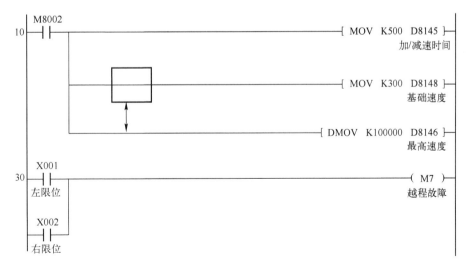

图 2-43　主程序梯形图部分 2

图 2-44　主程序梯形图部分 3

图 2-45　主程序梯形图部分 4

2）初态检查并复位子程序和回原点子程序。

系统通电且按下复位按钮后，即调用初态检查并复位子程序，进入初始状态检查和复位操作阶段，目的是确定系统是否准备就绪，若未准备就绪，则系统不能启动而进入运行状态。

该子程序的内容是检查各气动执行元件是否处在初始位置，抓取机械手装置是否在原点位置，否则进行相应的复位操作，直至准备就绪。子程序中，除调用回原点子程序外，主要是完成简单的逻辑运算，这里就不再详述了。

抓取机械手装置返回原点的操作，在输送单元的整个工作过程中，都会频繁地进行。因此编写一个子程序供需要时调用是必要的。相应的调用归零子程序的梯形图语句如图 2-46 所示，归零子程序部分如图 2-47～图 2-49 所示。子程序调用结束后需加 SRET 返回。

图 2-46　归零子程序调用

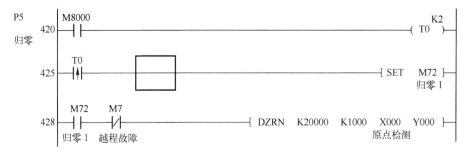

图 2-47 归零子程序梯形图部分 1

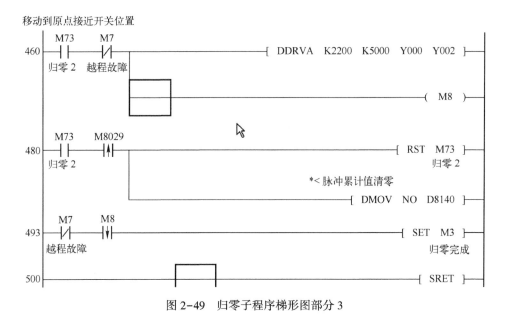

图 2-48 归零子程序梯形图部分 2

移动到原点接近开关位置

图 2-49 归零子程序梯形图部分 3

3）急停处理子程序。

当系统进入运行状态后，在每一个扫描周期都调用急停处理子程序。急停处理子程序梯形图如图 2-50 和图 2-51 所示。急停动作时，将主控位 M20 置 1，则停止执行主控制，急停复位时分如下两种情况。

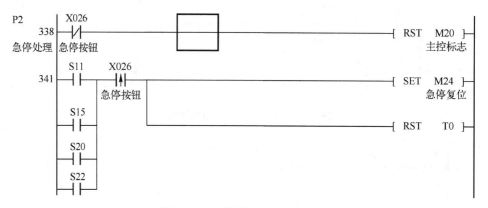

图 2-50　急停处理子程序部分 1

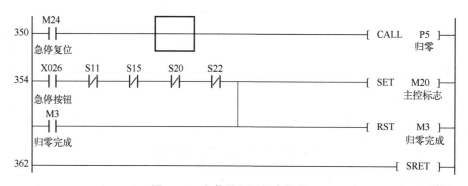

图 2-51　急停处理子程序部分 2

① 若急停前抓取机械手装置没有在运行过程中，则传送功能测试过程继续运行。

② 若急停前抓取机械手装置正处在运行过程中（从供料往加工，或从加工往装配，或从装配往分拣），则当急停复位的上升沿到来时，需要启动使抓取机械手装置低速回原点的程序。到达原点后，传送功能测试过程继续运行。

4）传送功能测试子程序的结构。

传送功能测试过程是一个单序列的步进顺序控制。在运行状态下，若主控标志 M20 为 ON，则调用该子程序。步进过程的流程说明如图 2-52 所示。

下面从机械手在加工台放下工件开始，到机械手移动到装配单元这三步过程为例说明编程思路。

在机械手执行放下工件的工作步中，调用"放下工件"子程序，在执行抓取工件的工作步中，调用"抓取工件"子程序。当抓取或放下工作完成时，将"放料完成"标志 M5 或"抓取完成"标志 M4 作为顺序控制程序中步转移的条件。

机械手在不同的阶段抓取工件或放下工件的动作顺序是相同的。抓取工件的动作顺序为：手臂伸出→手爪夹紧→提升台上升→手臂缩回。放下工件的动作顺序为：手臂伸出→提升台下降→手爪松开→手臂缩回。采用子程序调用的方法来实现抓取和放下工件的动作控制使程序编写得以简化。

"抓取工件"和"放下工件"子程序较为简单，此处不再详述。

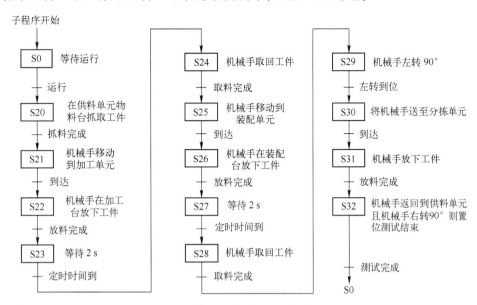

图 2-52 传送功能测试过程的流程图

项目 3　传感检测技术方案的制定

3.1　供料单元的传感检测技术方案

供料单元中所使用的传感器由 4 个磁感应接近开关、1 个电感式接近开关（金属传感器）和 3 个漫射型光电式传感器组成，如图 3-1 所示。

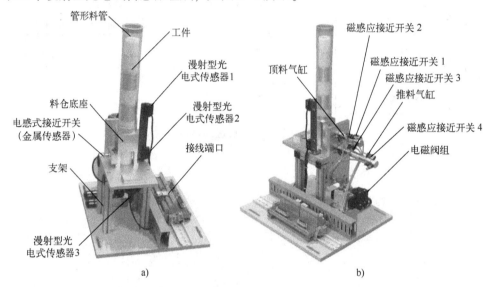

图 3-1　供料单元装置侧外观图

a）正视图　b）侧视图

传感检测技术方案如下。

1）设备通电和气源接通后，利用磁感应接近开关 1 和 4，检测两个气缸均处于缩回位置，且利用漫射型光电式传感器 1 检测料仓内是否有足够的待加工工件，若符合要求则可以正常工作。

2）若设备已准备好，则按下启动按钮，工作单元启动。启动后，利用光电式传感器 3 检测前方物料台上有没有工件，若没有工件则光电式传感器 3 信号断开，执行把工件推到物料台上的动作（顶料气缸伸出到位，磁感应接近开关 2 动作→推料气缸伸出到位，磁感应接近开关 3 动作→推料气缸缩回到位，磁感应接近开关 4 动作→顶料气缸缩回，磁感应接近开关 1 动作）。物料台上的工件被取出后，若没有停止信号，则进行下一次推出工件操作。

3）电感式接近开关（金属传感器）用以在工件推出之前检测工件是否为金属工件。

4）若在运行中检测料仓内工件的漫射型光电式传感器 1 信号断开，则说明仓内工件不足，发出料不足的提示，若料仓下面的漫射型光电式传感器 2 检测到料仓内没有工件，则要发出缺料警示。

3.2 加工单元的传感检测技术方案

加工单元中所使用的传感器由 5 个磁感应接近开关和 1 个光电式传感器组成，如图 3-2 和图 3-3 所示。

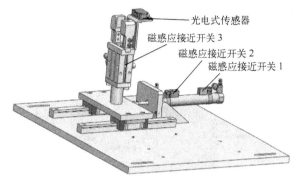

图 3-2　加工台及滑动机构

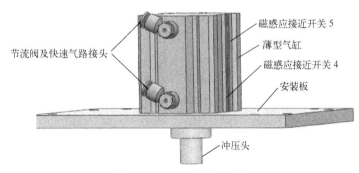

图 3-3　加工（冲压）机构

加工单元传感检测技术方案如下。

1）初始状态：设备通电和气源接通后，利用磁感应接近开关 2 的信号，判断滑动加工台伸缩气缸是否处于伸出位置；利用磁感应接近开关 3 的信号，判断加工台气动手指是否松开；利用磁感应接近开关 5 的信号，判断冲压气缸是否处于缩回位置；急停按钮是否被按下。若设备上述初始状态都处于"是"的状态，则可以正常工作。

2）若设备已准备好，则按下启动按钮，设备启动，当待加工工件被送到加工台上并被光电式传感器检出后，设备执行将工件夹紧，磁感应接近开关 3 动作，将其送往加工区域进行冲压（滑动加工台气缸缩回，缩回到位时磁感应接近开关 1 动作后等待冲压），磁感应接近开关 1 检测动作后→冲压气缸下降到位，磁感应接近开关 5 动作后→冲压气缸缩回，完成冲压动作后返回待料位置。如果没有停止信号输入，当再有待加工工件被送到加工台上时，加工单元又开始下一周期的工作。

3）在工作过程中，若按下停止按钮，则加工单元在完成本周期的动作后停止工作。

3.3 装配单元的传感检测技术方案

装配单元中所使用的传感器由 11 个磁感应接近开关、4 个光电式传感器和 1 个光纤式传感器组成, 如图 3-4~图 3-6 所示。

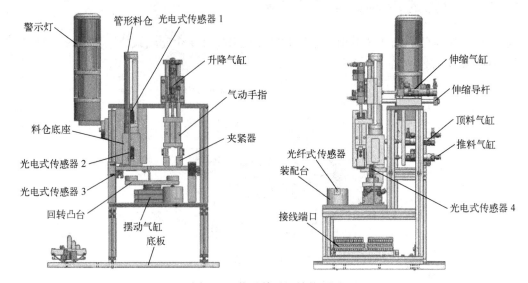

图 3-4　装配单元机械装配图

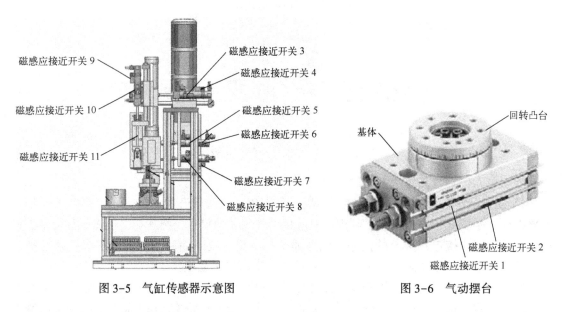

图 3-5　气缸传感器示意图　　　　　图 3-6　气动摆台

装配单元传感检测技术方案如下。

1) 装配单元各气缸的初始位置为: 利用磁感应接近开关 7, 判断推料气缸是否处于伸出状态; 利用磁感应接近开关 6, 判断顶料气缸是否处于缩回状态; 利用光电式传感器 1, 判断料仓上是否已经有足够的小圆柱形零件; 利用磁感应接近开关 9, 判断装配机械手装置的升降气缸是否处于提升状态; 利用磁感应接近开关 4, 判断伸缩气缸是否处于缩回状态; 利用磁感应接近开关 11, 判断气爪是否处于松开状态。

设备通电和气源接通后, 若各气缸满足初始位置要求, 且料仓上已经有足够的小圆柱形零件; 工件装配台上光纤式传感器检测到没有待装配工件, 则可以正常工作。

2) 若设备已准备好, 则按下启动按钮, 装配单元启动, 当光电式传感器 3 检测到回转台上的左料盘内没有小圆柱形零件时，则执行下料操作（顶料气缸伸出到位，磁感应接近开关 5 动作→推料气缸缩回到位，磁感应接近开关 7 动作→推料气缸伸出到位，磁感应接近开关 8 动作→顶料气缸缩回到位，磁感应接近开关 6 动作）；如果左料盘内有零件，而光电式传感器 4 检测到右料盘内没有零件，则执行回转凸台回转操作，磁感应接近开关 1 和 2 用以判断回转凸台是否回转到位。

3）如果在回转凸台上的右料盘内，光电式传感器 4 和光纤式传感器检测到有小圆柱形零件且装配台上有待装配工件，则执行装配机械手装置抓取小圆柱形零件，并将其放入待装配工件中的操作（升降气缸下降到位，磁感应接近开关 10 动作→夹紧器夹紧到位，磁感应接近开关 11 动作→升降气缸上升到位，磁感应接近开关 9 动作后→伸缩气缸伸出到位，磁感应接近开关 3 动作→升降气缸下降到位，磁感应接近开关 10 动作后→夹紧器放开到位，磁感应接近开关 11 无信号→升降气缸上升到位，磁感应接近开关 9 动作→伸缩气缸缩回到位，磁感应接近开关 4 动作，完成装配机械手装置的一个周期）。

4）完成装配任务后，装配机械手装置应返回初始位置，等待下一次装配。

5）若在运行过程中按下停止按钮，则供料机构应立即停止供料，在装配条件满足的情况下，装配单元在完成本次装配后停止工作。

6）在运行中，光电式传感器 1 检测信号断开时，会发出料不足提示，光电式传感器 2 检测信号断开时发出缺料报警。

3.4　分拣单元的传感检测技术方案

分拣单元中所使用的传感器由 3 个磁感应接近开关，1 个电感式接近开关，1 个漫射式光电接近开关，1 个光纤传感器和 1 个光电编码器组成，如图 3-7 所示。

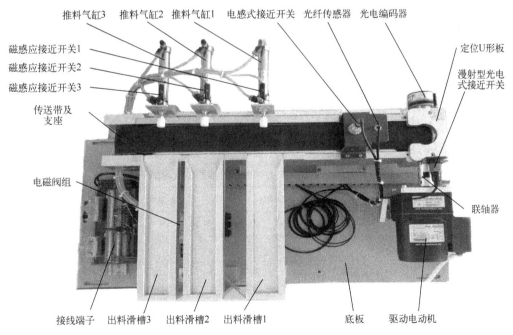

图 3-7　分拣单元的机械结构总成

1. 传感检测技术方案

传送带用于把机械手输送过来的装配好的工件进行传输，将其输送至分拣区。导向器用于对机械手输送过来工件的位置进行纠偏。3 条物料出料槽分别用于存放装配好的金属工件、白色工件或黑色工件。

传感检测与分拣方案：传送带上入料口漫射式光电接近开关检测到输送单元送来的工件后，启动变频器，驱动传送带运动，利用 PLC 与光电编码器以计数方式进行定位，使传送带运行到检测工件属性判别位置，电感式接近开关判别工件是否为金属，光纤传感器检测工件是黑还是白，利用所得逻辑关系判别物料的出料槽。再利用 PLC 与光电编码器以计数方式进行定位，把工件运输到料槽口，推料气缸推料出槽；气缸上装的磁感应接近开关控制推料杆的伸出与缩回到位。

2. FX$_{2N}$ 型 PLC 的高速计数器

高速计数器是 PLC 的编程软元件，相对于普通计数器，高速计数器用于频率高于机内扫描频率的机外脉冲计数。由于计数信号频率高，计数以中断方式进行，当计数器的当前值等于设定值时，计数器的输出接点立即开始工作。

FX$_{2N}$ 型 PLC 内置 21 个高速计数器 C235～C255，每一个高速计数器都规定了其功能和占用的输入点。

1）高速计数器的功能分配如下。

① C235～C245 共 11 个高速计数器用于一相一计数输入的高速计数，即每一计数器占用 1 个高速计数输入点，计数方向可以是增序也可以是减序，其取决于对应的特殊辅助继电器 M8□□□ 的状态。例如 C245 占用 X002 作为高速计数输入点，当对应的特殊辅助继电器 M8245 被置位时，进行增序计数。C245 还占用 X003 和 X007 分别作为该计数器的外部复位输入端和外部置位输入端。

② C246～C250 共 5 个高速计数器用于一相二计数输入的高速计数，即每一计数器占用 2 个高速计数输入点，其中一个为增计数输入，另一个为减计数输入。例如 C250 占用 X003 作为增计数输入，占用 X004 作为减计数输入，另外占用 X005 作为外部复位输入端，占用 X007 作为外部置位输入端。同样，计数器的计数方向也可以通过编程对应的特殊辅助继电器 M8□□□ 状态指定。

③ C251～C255 共 5 个高速计数器用于二相二计数输入的高速计数，即每一计数器占用 2 个高速计数输入点，其中一个为 A 相计数输入，另一个为与 A 相相位差 90° 的 B 相计数输入。C251～C255 的功能和占用的输入点见表 3-1。

表 3-1 高速计数器 C251～C255 的功能和占用的输入点

	X000	X001	X002	X003	X004	X005	X006	X007
C251	A	B						
C252	A	B	R					
C253				A	B	R		
C254	A	B	R				S	
C255				A	B	R		S

如前所述，分拣单元所使用的是具有 A、B 两相 90°相位差的通用型旋转编码器，且 Z 相脉冲信号没有使用。由表 3-1 可知此时选用高速计数器 C251。这时编码器的 A、B 两相脉冲输出应连接到 X000 和 X001 点。

2）每一个高速计数器都规定了不同的输入点，但所有高速计数器的输入点都在 X000～X007 范围内，并且这些输入点不能重复使用。例如，使用了 C251 后，因为 X000 和 X001 被占用，所以规定占用这两个输入点的其他高速计数器，例如 C252 或 C254 等，都将不能使用。

3. 高速计数器的编程

如果外部高速计数源（旋转编码器输出）已经被输入到 PLC，如图 3-8 所示，那么在程序中就可直接使用相对应的高速计数器进行计数。例如，在图 3-9 中，设定 C251 的设置值为 100，当 C251 的当前值等于 100 时，计数器的输出接点立即工作，从而控制相应的输出 Y010 为 ON。

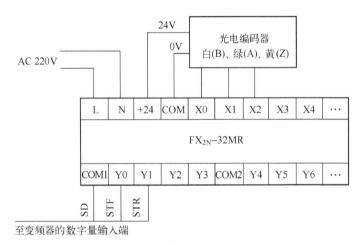

图 3-8　高速计数器与 PLC 的接线图

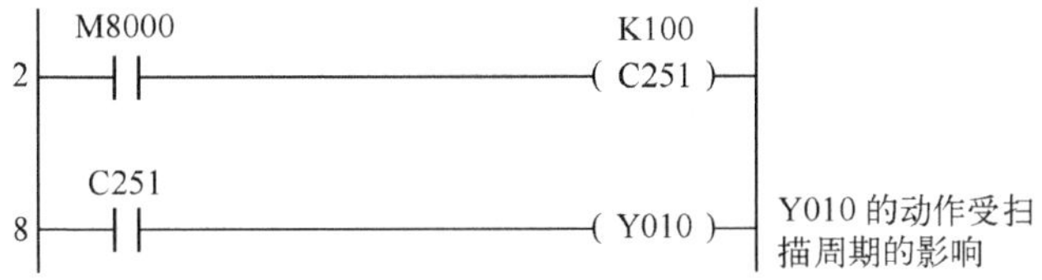

图 3-9　高速计数器的编程示例

如果希望计数器动作时就立即输出信号，则要采用中断工作方式，使用高速计数器的专用指令且当前值等于预置值时，计数器会及时动作，但实际输出信号却依赖于扫描周期。FX$_{2N}$型 PLC 高速处理指令中有 3 条是关于高速计数器的，都是 32 位指令。它们的具体使用方法可参考 FX$_{2N}$编程手册。

下面以现场测试旋转编码器的脉冲当量为例说明高速计数器的一般使用方法。

4. 旋转编码器脉冲当量的现场测试

根据传送带主动轴直径计算旋转编码器的脉冲当量，其结果只是一个估算值。在对分拣单元安装和调试时，除了要仔细调整，尽量减少安装偏差外，还需现场测试脉冲当量值。常用测试方法的步骤如下。

1）对分拣单元安装和调试时，必须仔细调整电动机与主动轴联轴的同心度和传送带的张紧度。调节张紧度的两个调节螺栓应平衡式调节，避免传送带运行时跑偏。传送带张紧度以电动机在输入频率为 1 Hz 时能顺利起动、低于 1 Hz 时难以起动为宜。测试时可把变频器设置为 Pr. 79 = 1 Hz，Pr. 3 = 50 Hz，面板操作：2 Hz ~ 5 Hz；这样就能在操作机面板进行启动/停止操作，并且把 M 旋钮作为电位器使用，进行频率调节。

2）安装和调试结束后，变频器参数设置为：

Pr. 79 = 2（固定的外部运行模式），Pr. 4 = 25 Hz（高速段运行频率设定值）。

3）编写图 3-10 所示的程序，编译后将其传送到 PLC。

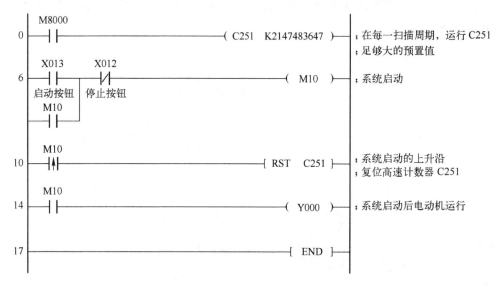

图 3-10　脉冲当量现场测试程序

4）运行 PLC 程序，并置于监控方式。在传送带进料口中心处放下工件后，按启动按钮启动运行。工件被传送一段较长的距离后，按下停止按钮停止运行。观察监控界面上 C251 的读数，将此值填写到表 3-2 的"高速计数脉冲数"一栏中。然后在传送带上测量工件移动的距离，把测量值填写到表中"工件移动距离"一栏中，则脉冲当量 μ = 工件移动距离/高速计数脉冲数，将该值填写到相应栏中。

表 3-2　脉冲当量现场测试数据

内容 序号	工件移动距离/mm	高速计数脉冲数/个	脉冲当量 μ
第一次	357.8	1391	0.2571
第二次	358	1392	0.2571
第三次	360.5	1394	0.2586

5）重新把工件放到进料口中心处，按下启动按钮进行第二次测试。进行 3 次测试后，求出脉冲当量 μ 平均值为 $\mu = (\mu_1 + \mu_2 + \mu_3)/3 = 0.2576$。

按图 3-11 所示的安装尺寸，重新计算旋转编码器到各位置应发出的脉冲数：当工件从下料口中心线移至传感器中心时，旋转编码器发出 456 个脉冲；移至第一个推杆中心点时，发出 650 个脉冲；移至第二个推杆中心点时，约发出 1021 个脉冲；移至第三个推杆中心点时，约发出 1361 个脉冲。

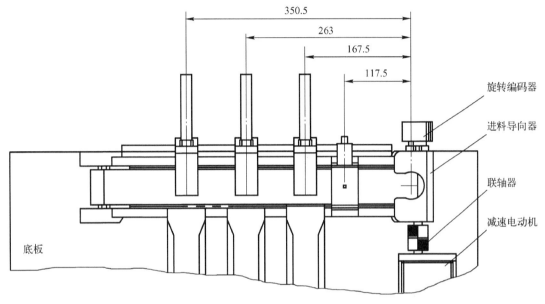

图 3-11 传送带位置计算用图

在本节中，对高速计数器编程的思路是根据 C251 当前值确定工件位置，与存储到指定的变量存储器的特定位置数据进行比较，以确定程序的流向。特定位置考虑如下：

① 工件属性判别位置应稍后于进料口到传感器中心位置，故取脉冲数为 470，存储在 D110 单元中（双整数）。

② 从推槽 1 中心位置推出的工件，停车位置应稍前于进料口到推杆 1 位置，取脉冲数为 600，存储在 D114 单元中。

③ 从推槽 2 中心位置推出的工件，停车位置应稍前于进料口到推杆 2 位置，取脉冲数为 970，存储在 D118 单元中。

④ 从推槽 3 中心位置推出的工件，停车位置应稍前于进料口到推杆 3 位置，取脉冲数为 1325，存储在 D122 单元中。

注意：特定位置数据均从进料口开始计算，因此每当待分拣工件下料到进料口，电动机开始起动时，必须对 C251 的当前值进行一次复位（清零）操作。程序处理过程中，总共有 4 个位置单元需要到位并停止，每一处到位并停止后，利用地址变量 Z0+4，切换到下一个位置的目标脉冲单元，如图 3-12 所示。

```
          M8000                                                    K10000000
  0 ──┤├─────────────────────────────────────────────────────────( C251 )
          M8002
  6 ──┤├──┬──────────────────────────────────────────[ MOV K470  D110 ]    工件属性判别
         │                                                                  脉冲数
         ├──────────────────────────────────────────[ MOV K600  D114 ]    推槽1中心位置
         │                                                                  脉冲数
         ├──────────────────────────────────────────[ MOV K970  D118 ]    推槽2中心位置
         │                                                                  脉冲数
         └──────────────────────────────────────────[ MOV K1325 D122 ]    推槽3中心位置
                                                                            脉冲数
        启动按钮 停止按钮
         X010    X011    M1
 27 ──┤├─────┤/├─────┤/├──────────────────────────────────────────( M0 )
       ┌─┤├─┘
       │  M0
       └──────────────────[ = Z0 K12 ]──────────────────[ RST    Z0 ]
          M0
 40 ──┤↑├─────────────────────────────────────────────[ RST    C251 ]    启动复位 C251
          M0
 44 ──┤├──┬───────────────────────────────────────────────────────( Y000 )  电动机正转 Y000
         │     分别判断到4个位置的脉冲数
         ├──[ >= D110Z0 C251 ]────────────────────────────────────( M1 )   M1 到位并停止
         │
         └──────────────────────────────────────────[ ADDP  Z0  K4  Z0 ]   切换到下个一个
                                                                            位置的脉冲数存
                                                                            储单元
 62 ──────────────────────────────────────────────────────────────[ END ]
```

图 3-12　位置脉冲量测试程序

3.5　输送单元的传感检测技术方案

抓取机械手装置中所使用的传感器由 7 个磁感应接近开关组成，如图 3-13 所示。

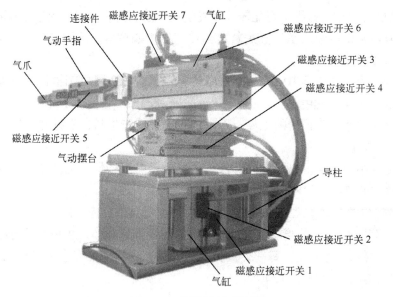

图 3-13　抓取机械手装置

抓取机械手装置传感检测技术方案如下。

1) 设备通电和气源接通后，利用磁感应接近开关 1、4、6、5 动作，检测升降气缸、回转气缸、伸缩气缸和手爪，若均处于缩回位置，则可以正常工作。

2) 当 PLC 发出信号给抓取机械手装置使其进行抓取时：伸缩气缸伸出到位后，磁感应接近开关 7 动作→手爪夹紧到位，磁感应接近开关 5 动作→升降气缸上升到位，磁感应接近开关 2 动作→伸缩气缸缩回到位，磁感应接近开关 6 动作→升降气缸下降到位，磁感应接近开关 1 动作，完成一个周期的抓取动作。

3) 当 PLC 发出信号给抓取机械手装置使其移动工件到分拣单元时：回转气缸左转 90°到位，磁感应接近开关 3 动作→伸缩气缸伸出到位，磁感应接近开关 7 动作→升降气缸下降到位，磁感应接近开关 1 动作→手爪放开，磁感应接近开关 5 动作使信号断开。

4) 当 PLC 发出信号给抓取机械手装置进行回原位操作时：伸缩气缸缩回到位，磁感应接近开关 6 动作→回转气缸右转 90°到位，磁感应接近开关 4 动作，即完成动作。

直线运动传动组件中所使用的传感器由 1 个原点接近开关和 2 个极限开关组成，如图 3-14 所示。

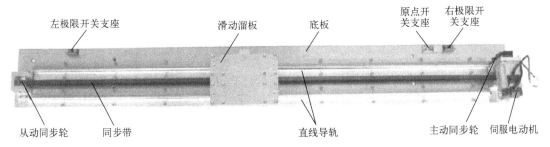

图 3-14　直线运动传动组件图

直线运动传动组件传感检测技术方案如下。

1) 原点接近开关是一个无触点的电感式接近传感器，用来提供直线运动的起始点信号。

2) 左、右极限开关均是有触点的微动开关，用来提供越程故障时的保护信号：当滑动溜板在运动中越过左或右极限位置时，相应极限开关会动作，从而向系统发出越程故障信号。

3.6　传感器原理与连接方式

YL-335B 各工作单元所使用的传感器都是接近式传感器，它利用传感器对所接近的物体具有的敏感特性来识别物体的接近，并输出相应开关信号，因此接近式传感器通常也称为接近开关。以下介绍几款通用的传感器。

1. 磁感应接近开关

磁感应接近开关是用来检测气缸活塞位置，即检测活塞运动行程的。

在气缸的活塞上安装一个永久磁铁制成的磁环，从而提供了一个反映气缸活塞位置的磁场。而安装在气缸外侧的磁感应接近开关用舌簧开关作为磁场检测元件。当气缸中随活塞移动的磁环靠近开关时，舌簧开关的两根簧片被磁化而相互吸引，触点闭合；当磁环远离开关后，簧片消磁后触点断开。触点的闭合或断开即反映了气缸活塞伸出或缩回的位置。图 3-15 所示是带磁感应接近开关气缸的工作原理图。磁感应接近开关安装位置的调整方法是松开它的紧固螺栓，让磁感应接近开关顺着气缸滑动，到达指定位置后，再旋紧其紧固螺栓。

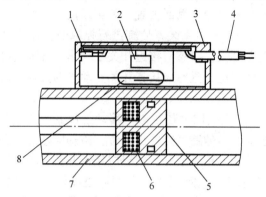

图 3-15 带磁感应接近开关气缸的工作原理图

1—动作指示灯　2—保护电路　3—开关外壳　4—导线　5—活塞　6—磁环（永久磁铁）　7—缸筒　8—舌簧开关

　　磁感应接近开关有蓝色和棕色两根引出线，使用时蓝色引出线应连接到 PLC 输入公共端，棕色引出线应连接到 PLC 输入端，磁感应接近开关的内部电路如图 3-16 中点画线框内部分所示。

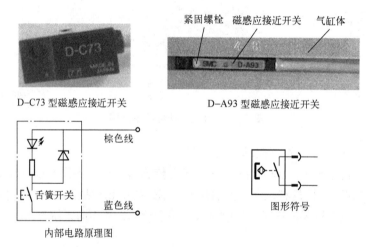

图 3-16 磁感应接近开关及内部电路原理图

2. 电感式接近开关

　　电感式接近开关是利用电涡流效应制造的、其输出形式为开关量的传感器，当被测金属物体接近电感线圈时产生了涡流效应，引起振荡器振幅或频率的变化，由传感器的信号调理电路（包括检波、放大、整形和输出等电路）将该变化转换成开关量后输出，从而达到检测目的。其工作原理框图和图形符号如图 3-17 所示。

　　电感式接近开关有蓝色、黑色和棕色 3 根引出线，使用时蓝色引出线应被连接到 PLC 输入公共端，棕色引出线应被连接到 PLC 内部电源 24 V 端，黑色信号引出线应被连接到 PLC 输入端。

　　电感式接近开关的内部电路如图 3-18a 中点画线框以外所示部分。NPN 与 PNP 型接近开关与 PLC 连接方式分别如图 3-18b 和图 3-18c 所示。

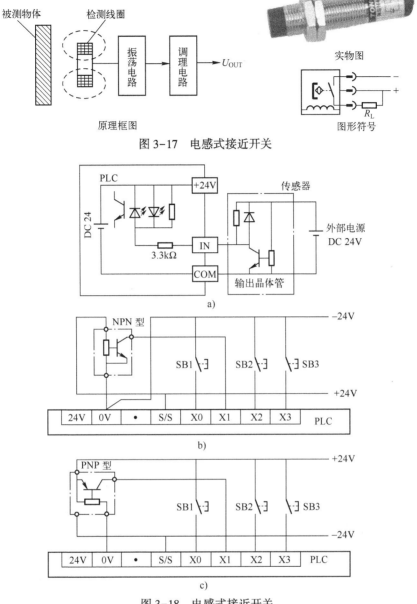

图 3-17 电感式接近开关

图 3-18 电感式接近开关

a) 电感式接近开关内部电路 b) NPN 型电感式接近开关与 FX₂ₙ PLC 的连接
c) PNP 型电感式接近开关与 FX₂ₙ PLC 的连接

3. 光电式传感器

光电式传感器是利用光的各种性质以检测物体的有无和表面状态变化的传感器。其输出形式为开关量的传感器为光电式接近开关，各种类型光电式接近开关如图 3-19 所示。

漫射式光电接近开关是利用光照射到被测物体上后反射回来的光线进行工作的，由于物体反射的光线为漫射光，故称为漫射式光电接近开关。它的光发射器与光接收器处于同一侧位置，且为一体化结构。如图 3-20 所示为 E3Z-L61 型光电式接近开关的外形、调节旋钮和显示灯。

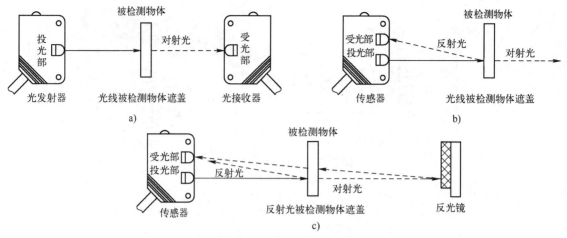

图 3-19　光电式接近开关

a) 对射式光电接近开关　b) 漫射式（漫反射式）光电接近开关　c) 反射式光电接近开关

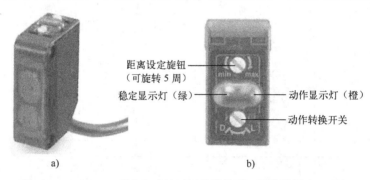

图 3-20　E3Z-L61 型光电式接近开关的外形、调节旋钮和显示灯

a) E3Z-L61 型光电式光电开关外形　b) 调节旋钮和显示灯

　　光电式接近开关有蓝色、黑色和棕色 3 根引出线，使用时蓝色引出线应被连接到 PLC 输入公共端，棕色引出线应被连接到 PLC 内部电源 24 V 端，黑色引出线应被连接到 PLC 输入端。

　　光电式接近开关的内部电路如图 3-21 中点画线框内所示。

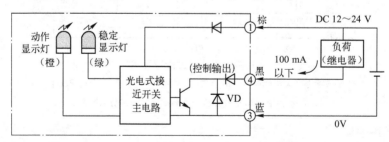

图 3-21　E3Z-L61 光电接近开关电路原理图

4. 光纤传感器

　　光纤传感器由光纤检测头和光纤放大器两部分组成，放大器和光纤检测头是分离的两个部分，光纤检测头的尾端接两条光纤，使用时分别将其插入放大器的两个光纤孔。光纤传感器组件如图 3-22 所示。图 3-23 是放大器的安装示意图。

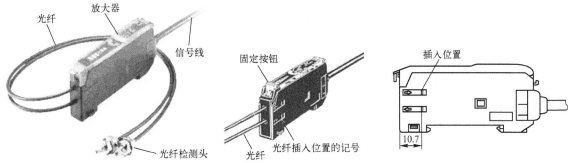

图 3-22　光纤传感器组件　　　　图 3-23　光纤传感器组件外形及放大器的安装示意图

光纤传感器也是光电式传感器的一种。光纤传感器具有以下优点：抗电磁干扰、可工作于恶劣环境、传输距离远且使用寿命长，此外，由于光纤检测头具有较小的体积，可安装在空间狭小的地方。

光纤传感器中放大器的灵敏度可调范围较大。当光纤传感器中放大器的灵敏度调得较小时，对于反射性较差的黑色物体，光电探测器无法接收到它的反射信号；而对于反射性较好的白色物体，光电探测器就可以接收到它的反射信号。反之，若调高光纤传感器的灵敏度，即使对反射性较差的黑色物体，光电探测器也可以接收到它的反射信号。

图 3-24 给出了放大器单元的俯视图，调节其中的灵敏度高速旋钮就能进行放大器灵敏度调节（顺时针旋转时灵敏度增大）。调节时会看到入光量显示灯明暗的变化。当探测器检测到物料时，动作显示灯会亮，提示检测到物料。

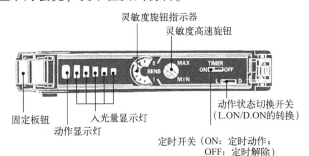

图 3-24　光纤传感器放大器单元的俯视图

光纤传感器有蓝色、黑色和棕色 3 根引出线，使用时蓝色引出线应连接到 PLC 输入公共端，棕色引出线应连接到 PLC 内部电源 24 V 端，黑色引出线应连接到 PLC 输入端。

E3X-NA11 型光纤传感器电路图如图 3-25 所示，接线时注意根据导线颜色判断电源极性和信号输出线，切勿把信号输出线直接连接到电源 24 V 端。

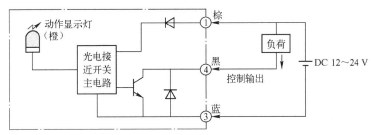

图 3-25　E3X-NA11 型光纤传感器电路图

项目4 PLC控制变频器调速

4.1 三菱 FR-E740 变频器应用

4.1.1 FR-E740 变频器的安装和接线

在使用三菱 PLC 的 YL-335B 设备中，选三菱 FR-E700 系列中的 FR-E740-0.75K-CHT 型变频器，该变频器额定电压等级为三相 400 V，适用电动机容量为 0.75 kW 及以下的电动机。FR-E700 系列变频器的外观和型号的定义如图 4-1 所示。

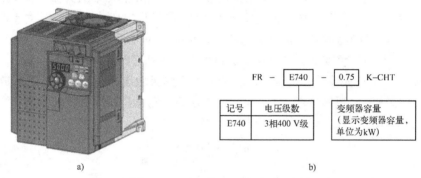

图 4-1　FR-E700 系列变频器
a) FR-E700 变频器外观　b) 变频器型号定义

FR-E700 系列变频器是 FR-E500 系列变频器的升级产品，是一种小型、高性能变频器。在 YL-335B 设备上进行的实训是变频器使用相关的基本知识和技能，着重于变频器的接线和常用参数的设置等方面。

FR-E740 系列变频器主电路的通用接线如图 4-2 所示。

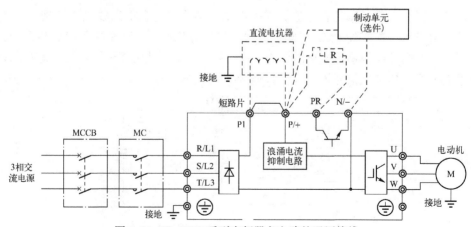

图 4-2　FR-E740 系列变频器主电路的通用接线

图中有关说明如下：

① 端子 P1、P/+ 之间用于连接直流电抗器，不需连接时，两端子间短路。

② P/+ 与 PR 之间用于连接制动电阻器，P/+ 与 N/- 之间用于连接制动单元选件。因 YL-335B 设备均未使用，故用虚线画出。

③ 交流接触器 MC 用作变频器安全保护，注意不要通过此交流接触器来启动或停止变频器，否则可能降低变频器寿命。在 YL-335B 系统中，没有使用这个交流接触器。

④ 进行主电路接线时，应确保输入、输出端不能接错，即电源线必须连接至 R/L1、S/L2、T/L3，绝对不能接 U、V、W，否则会损坏变频器。

FR-E740 系列变频器控制电路的接线如图 4-3 所示。其中，控制电路端子分为控制输入、频率设定（模拟量输入）、继电器输出（异常输出）、集电极开路输出（状态检测）和模拟电压输出等 5 部分区域，各端子的功能可通过调整相关参数值进行变更，在出厂初始值的情况下，各控制电路端子的功能说明见表 4-1、表 4-2 和表 4-3。

表 4-1　控制电路输入端子的功能说明

种　类	端子编号	端子名称	端子功能说明	
接点输入	STF	正转启动	STF 信号为 ON 时正转，为 OFF 时停止	STF、STR 信号同时为 ON 时变成停止指令
	STR	反转启动	STR 信号为 ON 时反转，为 OFF 时停止	
	RH　RM　RL	多段速度选择	用 RH、RM 和 RL 信号的组合可以选择多段速度	
	MRS	输出停止	MRS 信号为 ON（20 ms 或以上）时，变频器输出停止；用电磁制动器停止电动机时其用于断开变频器的输出	
	RES	复位	用于解除保护电路动作时的报警输出。通常使 RES 信号处于 ON 状态 0.1 s 或以上，然后断开；初始设定为始终可进行复位，但进行了 Pr.75（变频器出厂时设置的运行模式参数）的设定后，仅在变频器报警发生时可进行复位，复位时间约为 1 s	
	SD	接点输入公共端（漏型）	接点输入端子（漏型逻辑）的公共端子（初始设定）	
		外部电源晶体管公共端（源型逻辑）	源型逻辑时当连接晶体管输出（即集电极开路输出），例如连接可编程序控制器（PLC）时，将晶体管输出用的外部电源公共端接到该端子上，可以防止因漏电引起的误动作	
		DC 24 V 电源公共端	DC24 V、0.1 A 电源（端子 PC）的公共输出端子；与端子 5 及端子 SE 绝缘	
	PC	外部晶体管公共端（漏型）	漏型逻辑时当连接晶体管输出（即集电极开路输出），例如连接可编程序控制器时，将晶体管输出用的外部电源公共端接到该端子上，可以防止因漏电引起的误动作（初始设定）	
		接点输入公共端（源型逻辑）	接点输入端子（源型逻辑）的公共端子	
		DC 24 V 电源	可作为 DC 24 V、0.1 A 的电源使用	
频率设定	10	频率设定用电源	作为外接频率设定（速度设定）用电位器时的电源使用（按照 Pr.73 模拟量输入选择）	
	2	频率设定（电压）	如果输入 DC 0~5 V（或 0~10 V），在 5 V（10 V）时为最大输出频率，输入/输出成正比。通过 Pr.73 进行 DC 0~5 V（初始设定）和 DC 0~10 V 输入的切换操作	
	4	频率设定（电流）	若输入 DC 4~20 mA、0~5 V、0~10 V，在 20 mA 时为最大输出频率，输入/输出成正比。只有当 AU 信号为 ON 时端子 4 的输入信号才会有效（端子 2 的输入将无效）。通过 Pr.267 进行 4~20 mA（初始设定）、DC 0~5 V、DC 0~10 V 输入的切换操作；电压输入（0~5 V、0~10 V）时，要将电压/电流输入切换开关切换至 "V"；	
	5	频率设定公共端	频率设定信号（端子 2 或 4）及端子 AM 的公共端子，切勿接地	

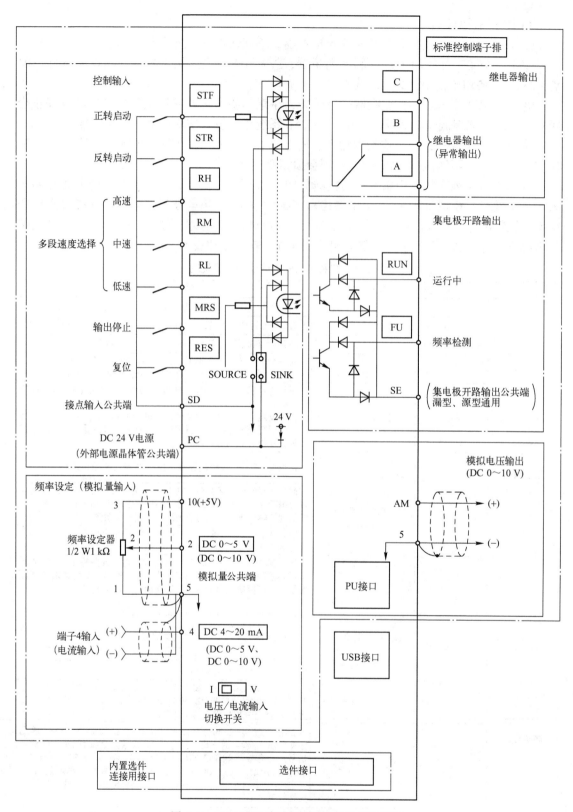

图 4-3　FR-E740 系列变频器控制电路接线图

表 4-2　控制电路接点输出端子的功能说明

种　　类	端子记号	端子名称	端子功能说明
继电器	A、B、C	继电器输出（异常输出）	指示变频器因保护功能动作时用于停止的 1 组接点输出。异常时，B-C 间不导通（A-C 间导通）；正常时，B-C 间导通（A-C 间不导通）
集电极开路	RUN	变频器正在运行	变频器输出频率大于或等于启动频率（初始值为 0.5 Hz）时为低电平，已停止或正在直流制动时为高电平
	FU	频率检测	输出频率大于或等于任意设定的检测频率时为低电平，未达到时为高电平
	SE	集电极开路输出公共端	端子 RUN、FU 的公共端子
模拟电压输出	AM	模拟电压输出	可以从多种监视项目中选一种作为输出，变频器复位中其不被输出，其输出信号与监视项目的大小成比例。 输出项目： 输出频率（初始设定）

表 4-3　控制电路网络接口的功能说明

种　　类	端子记号	端子名称	端子功能说明
RS-485	—	PU 接口	通过 PU 接口，可进行 RS-485 通信。 ● 标准规格：EIA-485（RS-485）； ● 传输方式：多站点通信； ● 通讯速率：4 800~38 400 bit/s； ● 总长距离：500 m
USB	—	USB 接口	与个人计算机通过 USB 连接后，可以实现 FR Configurator 的操作。 ● 接口：USB1.1 标准； ● 传输速度：12 Mbit/s； ● 连接器：USB 迷你-B 连接器（迷你-B 型插座）

　　如果分拣单元的机械部分已经装配好，则在完成变频器主电路接线后，就可以用它驱动电动机试运行。若变频器的运行模式参数（Pr.79）为出厂设置值，把调速电位器的 3 个引出端①、②、③端分别连接到变频器的端子⑩、②、⑤，并把调速电位器向左旋转到底；接通电源后，按下 STF 端子左边的按钮，慢慢向右旋动调速电位器，可以看到电动机正向转动，变频器输出频率逐渐增大，电动机转速逐渐升高。

　　在分拣单元的机械部分装配完成后，进行电动机试运行是必要的，用以检查机械装配的质量，以便做进一步的调整。

4.1.2　变频器操作面板的操作训练

1. FR-E700 系列的操作面板

　　使用变频器之前，首先要熟悉它的面板显示和键盘操作单元（或称为控制单元），并且按使用现场的要求合理设置参数。FR-E700 系列变频器的参数设置，通常利用固定在其上的操作面板（不能拆下）实现，也可以使用连接到变频器 PU 接口的参数单元（FR-PU07）实现。使用操作面板可以进行运行方式和频率的设定、运行指令监视、参数设定、错误表示等。其操作面板如图 4-4 所示，上半部分为面板显示器，下半部为 M 旋钮和各种按键。它们的具体功能分别见表 4-4 和表 4-5。

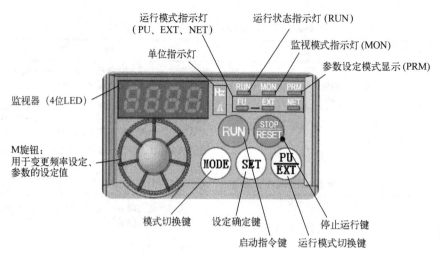

图 4-4　FR-E700 的操作面板

表 4-4　旋钮和按键功能

旋钮和按键	功　能
M 旋钮（三菱变频器旋钮）	旋动该旋钮用于变更频率设定、参数的设定值。按下该旋钮可显示以下内容： ● 监视模式时的设定频率； ● 校正时的当前设定值； ● 报警历史模式时的顺序
模式切换键 MODE	用于切换各设定模式。和运行模式切换键同时按下也可以用来切换运行模式。长按此键 2 s 可以锁定操作
设定确定键 SET	用于各设定值的确定；此外，当运行中按此键时，监视器出现以下显示： 运行频率 → 输出电流 → 输出电压
运行模式切换键 PU/EXT	用于切换 PU/EXT（外部）运行模式； 使用外部运行模式（通过另接的频率设定电位器和启动的信号启动）时按此键，表示外部运行模式（EXT）处于亮灯状态 切换至组合模式时，可同时按 MODE 键 0.5 s，或者变更参数 Pr.79
启动指令键 RUN	在 PU 模式下，按此键可启动运行； 通过 Pr.40 的设定，可以选择旋转方向
停止运行键 STOP/RESET	在 PU 模式下，按此键停止运转； 保护功能（严重故障）生效时，也可以进行报警复位

表 4-5　运行状态显示

显　示	功　能
运行模式显示	PU：PU 运行模式时亮灯； EXT：（EXT）外部运行模式时亮灯； NET：网络运行模式时亮灯
监视器（4 位 LED）	显示频率、参数编号等
监视数据物理量单位的显示	Hz：显示频率时亮灯；A：显示电流时亮灯（显示电压时熄灯，显示设定频率监视时闪烁）

显　　示	功　　能
运行状态显示 RUN	在变频器运行过程中亮灯或者闪烁，其中，亮灯表示正转运行中；缓慢闪烁（1.4 s 循环）表示反转运行中。 下列情况下出现快速闪烁（0.2 s 循环）： ● 按键或输入启动指令都无法运行时； ● 有启动指令，但频率指令在启动频率以下时； ● 输入了 MRS 信号时
参数设定模式显示 PRM	进行参数模式设定时灯亮
监视器显示 MON	监视模式时灯亮

2. 变频器的运行模式

由表 4-4 和表 4-5 可知，在变频器不同的运行模式下，各种按键和 M 旋钮的功能各异。所谓运行模式是指对输入到变频器的启动指令和设定频率的命令来源的指定。

一般来说，使用控制电路端子、在外部设置电位器和开关来进行操作的是"EXT 外部运行模式"；使用操作面板或参数单元输入启动指令、设定频率的是"PU 运行模式"；通过 PU 接口进行 RS-485 通信或使用通信选件的是"网络运行模式"（NET 运行模式）。在进行变频器操作以前，必须了解各种运行模式，才能进行各项操作。

FR-E700 系列变频器通过参数 Pr.79 的值来指定变频器的运行模式，设定值范围为 0、1、2、3、4、6、7；这 7 种运行模式的内容以及相关 LED 指示灯的状态见表 4-6。

表 4-6　变频器运行模式参数 Pr.79 的选择

设定值	内　　容	LED 显示状态（■：灭灯　□：亮灯）
0	EXT/PU 切换模式，通过 PU/EXT 键可切换 PU 与外部运行模式； 注意：接通电源时为外部运行模式	外部运行模式时， EXT PU 运行模式时， PU
1	固定为 PU 运行模式	PU
2	固定为外部运行模式； 可以在外部、网络运行模式间切换	外部运行模式时， EXT 网络运行模式时， NET
3	EXT/PU 组合运行模式 1 频率指令：用操作面板设定、参数单元设定、外部信号输入（多段速设定，端子 4-2 间（AU 信号 ON 时有效）） 启动指令：外部信号输入（端子 STF、STR）	PU　EXT
4	EXT/PU 组合运行模式 2 频率指令：外部信号输入（端子 2、4、JOG、多段速选择等） 启动指令：通过操作面板的 RUN 键，或通过参数单元的 FWD、REV 键来输入	

设定值	内　　容	LED 显示状态（：灭灯：亮灯）
6	切换模式； 可以在保持运行状态的同时，进行 PU 运行、EXT 运行与网络运行的切换	PU 运行模式时， EXT 运行模式时， 网络运行模式时，
7	外部运行模式（PU 运行互锁）； X12 信号为 ON 时，可切换到 PU 运行模式； （外部运行中输出停止） X12 信号为 OFF 时，禁止切换到 PU 运行模式	PU 运行模式时， EXT 运行模式时，

变频器出厂时，参数 Pr.79 设定值为 0。当停止运行时用户可以根据实际需要修改其设定值。

修改 Pr.79 设定值的一种方法是：按 MODE 键使变频器进入参数设定模式；旋动 M 旋钮，选择参数 Pr.79，按 SET 键确定；然后再旋动 M 旋钮选择合适的设定值，按 SET 键确定；按两次 MODE 键后，变频器的运行模式将变更为设定的模式。

图 4-5 是设定参数 Pr.79 的一个示例。该示例把变频器从固定外部运行模式变更为组合运行模式 1。

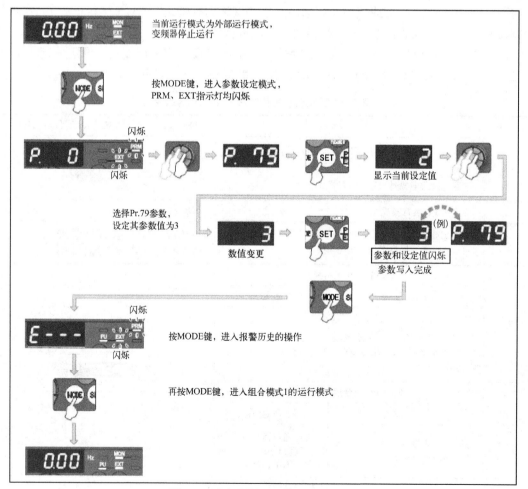

图 4-5　变频器的运行模式变更示例

3. 参数的设定

变频器参数的出厂设定值是用以完成简单的变速运行。如需按照负载和操作要求设定参数，则应进入参数设定模式，先选定参数号，然后设置其参数值。设定参数分两种情况，一种是停机 STOP 方式下重新设定参数，这时可设定所有参数；另一种是在运行时设定，这时只允许设定部分参数，但是可以核对所有参数号及参数。图 4-6 是参数设定过程的一个示例，所完成的操作是把参数 Pr.1（上限频率）从出厂设定值 120.0 Hz 变更为 50.0 Hz，假定当前运行模式为 EXT/PU 切换模式（Pr.79=0）。

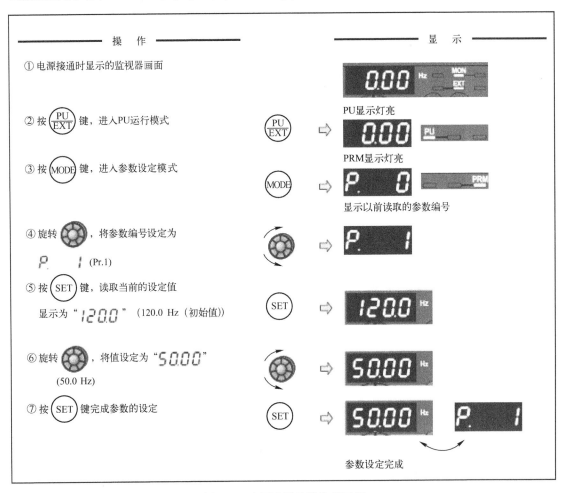

图 4-6　变更参数的设定值示例

图 4-6 所示的参数设定过程，需要先切换到 PU 模式下，再进入参数设定模式，与图 4-5 的方法有所不同。实际上，在任一运行模式下，按 MODE 键，都可以进入参数设定，只是图 4-5 只能设定部分参数。

4.1.3　变频器常用参数设置训练

FR-E700 变频器有几百个参数，实际使用时，只需根据使用现场的要求设定部分参数，其余按出厂设定即可。其中一些常用参数，是应该熟悉的。

下面根据分拣单元工艺过程对变频器的要求，介绍一些常用参数的设定。关于参数设定更详细的说明参阅 FR-E700 使用手册。

1. 输出频率的限制（Pr. 1、Pr. 2、Pr. 18）

为了限制电动机的速度，应对变频器的输出频率加以限制。用 Pr. 1 "上限频率" 和 Pr. 2 "下限频率" 来设定，可将输出频率的上、下限钳位。

当变频器在 120 Hz 以上运行时，用参数 Pr. 18 "高速上限频率" 设定高速输出频率的上限。

Pr. 1 与 Pr. 2 出厂设定范围为 0~120 Hz，出厂设定值分别为 120 Hz 与 0 Hz。Pr. 18 出厂设定范围为 120~400 Hz。输出频率和设定值的关系如图 4-7 所示。

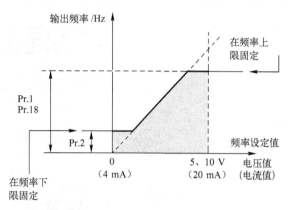

图 4-7　输出频率与设定频率关系

2. 加/减速时间（Pr. 7、Pr. 8、Pr. 20、Pr. 21）

加/减速时间相关参数的意义及设定范围见表 4-7。

表 4-7　加/减速时间相关参数的意义及设定范围

参 数 号	参数意义	出厂设定	设定范围	备 注
Pr. 7	加速时间	5 s	0~3 600/360 s	根据 Pr. 21 加/减速时间单位的设定值进行设定。初始值的设定范围为 0~3 600 s、设定单位为 0.1 s
Pr. 8	减速时间	5 s	0~3 600/360 s	
Pr. 20	加/减速基准频率	50 Hz	1~400 Hz	
Pr. 21	加/减速时间单位	0	0、1	0 表示 0~3 600 s，单位为 0.1 s 1 表示 0~360 s，单位为 0.01 s

设定说明：

① 用 Pr. 20 设定加/减速的基准频率，我国一般为 50 Hz；

② Pr. 7 加速时间用于设定从停止到 Pr. 20 加/减速基准频率的加速时间；

③ Pr. 8 减速时间用于设定从 Pr. 20 加/减速基准频率到停止的减速时间。

3. 参数清除

如果用户在参数调试过程中遇到问题，并且希望重新开始调试，可用参数清除操作方法实现。即在 PU 运行模式下，设定 Pr. CL 进行参数清除且 ALLC 参数全部清除均为 "1"，可使参数恢复为初始值（如果设定 Pr. 77 参数写入为 "1"，则无法清除）。

参数清除操作需要在参数设定模式下，用 M 旋钮选择参数编号为 Pr.CL 和 ALLC，把它们的值均置为 1，其操作步骤如图 4-8 所示。

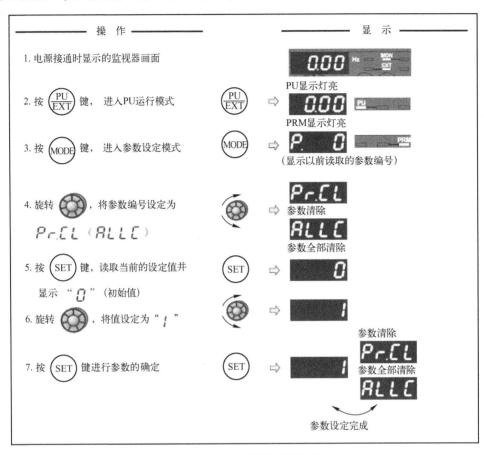

图 4-8　参数全部清除的操作示意

4.2　PLC 模拟量输入/输出模块应用

通过使用特殊功能模块读指令 FROM（FNC78）和写指令 TO（FNC79）来读写 FX_{0N}-3A 模块，实现模拟量的输入和输出。

FROM 指令用于从特殊功能模块的缓冲存储器（BFM）中读入数据，如图 4-9a 所示。这条语句是在模块号为 m1 的特殊功能模块内，将从缓冲存储器（BFM）号为 m2 开始的 n 个数据读入 PLC，并将其存放在从 D 开始的 n 个数据寄存器中。

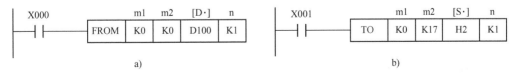

图 4-9　特殊功能模块读和写指令
a）FROM 指令示例　b）TO 指令示例

该模块中不允许两个通道有不同的输入特征，即不允许电流和电压同时输入或不同量程的电压输入。

TO 指令用于从 PLC 向特殊功能模块缓冲存储器（BFM）中写入数据，如图 4.9b 所示。这条语句是将 PLC 中从 S 开始的 n 个数据，写到特殊功能模块 m1 中编号从 m2 开始的缓冲存储器（BFM）中。

FROM 和 TO 指令中 m1、m2 和 n 的含义如下。

① m1：特殊功能模块号（范围 0~7）。

特殊功能模块应用时是连接在 PLC 右边的扩展总线上的。不同系列的 PLC 可以连接的特殊功能模块的数量是不一样的，这时从最靠近 PLC 的那个模块开始，按 NO.0→NO.1→NO.2……的顺序编号，如图 4-10 所示。

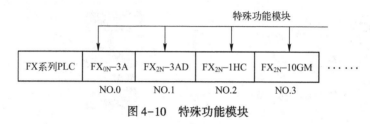

图 4-10　特殊功能模块

② m2：缓冲存储器（BFM）号（范围 0~31）。

特殊功能模块内有 32 个通道，每通道有 16 位 RAM 存储器，这叫作缓冲存储器，其内容根据各模块控制目的而决定。缓冲存储器的通道编号为 #0~#31。在 32 个通道指令中，指定的 BFM 为低 16 位，在此之后的 BFM 为高 16 位。

③ n：传送点数，用 n 指定传送字的点数。

特殊功能模块是通过缓冲存储器（BFM）与 PLC 交换信息的，FX_{0N}-3A 中 32 个通道的 16 位缓冲存储器（BFM）分配见表 4-8。

表 4-8　FX_{0N}-3A 的缓冲存储器（BFM）分配

通道号	b15~b8	b7	b6	b5	b4	b3	b2	b1	b0
#0	保留	当前输入通道的 A-D 转换值（以 8 位二进制数表示）							
#16		当前通道 D-A 输出的设置值							
#17							D-A 转换启动	A-D 转换启动	A-D 通道选择
#1~#15 #18~#31	保留								

其中 #17 通道位含义如下。

b0=0，选择模拟输入通道 1；b0=1，选择模拟输入通道 2。

b1 从 0 到 1，A-D 转换启动。

b2 从 1 到 0，D-A 转换启动。

图 4-11 是实现 D-A 转换的编程示例。图 4-12 是实现 A-D 转换的编程示例。

1. 模拟量输出的应用

图 4-11 中，第一条 TO 指令用于把要转换的 D2 寄存器中的数据写入 0 号特殊功能模块内 16 通道号缓的冲存储器（BFM#16）中，准备实现 D-A 转换；第二、三条 TO 指令用于

把 H0004、H0000（十六进制数据）先后写入 0 号特殊功能模块内 17 通道号的缓冲存储器（BFM#17）中，这时 BFM#17 中 b2 从 1 变为 0，则启动 D-A 转换，把 16 号缓冲存储器（BFM#16）中存放的数字量转换成模拟量输出。

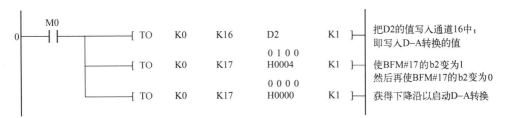

图 4-11　D-A 转换编程示例

2. 模拟量输入的应用（使用模拟量输入通道 1）

图 4-12 中，第一条 TO 指令把 H0000（十六进制数据）写入 0 号特殊功能模块内 17 通道号的缓冲存储器（BFM#17）中，这时 BFM#17 中 b0＝0，选择了模拟量输入通道 1。

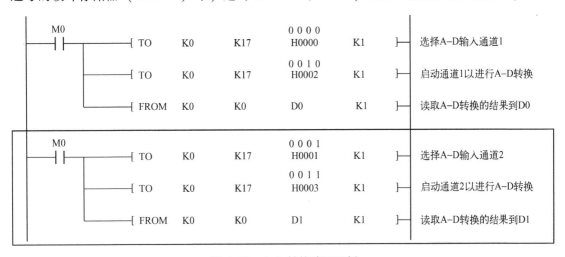

图 4-12　A-D 转换编程示例

第二条 TO 指令把 H0002（十六进制数据）写入 0 号特殊功能模块内 17 通道号的缓冲存储器（BFM#17）中，这时 BFM#17 中 b1 从 0 变为 1，以启动 A-D 转换，并把转换后的数字量存放在 0 号缓冲存储器（BFM#0）的低 8 位中。

FROM 指令将 0 号缓冲存储器（BFM#0）中的数据（转换后的数字量）读到 PLC 中，并存放在 D0 寄存器中。当使用模拟量输入通道 2 时，程序如下图内框中所示。

3. FX$_{0N}$-3A 模拟量模块的读入/写出

1）读取 FX$_{0N}$-3A 应用指令 FNC176-RD3A。

图 4-13 是 FX$_{0N}$-3A 模拟量模块的模拟量输入值的读取指令

图中，(m1·)：特殊模块号，K0~K7；

(m2·)：模拟量输入通道号，K1 或 K2；

(D·)：读取数据，并将读取自模拟量模块的

数值保存。

图 4-13　FNC176-RD3A 功能

2) 写入 FX$_{0N}$-3A 应用指令 FNC176—WR3A。

图 4-14 是用于向 FX$_{0N}$-3A 模拟量模块写入数值的指令

图中，$\boxed{m1 \cdot}$：指定特殊模块号，K0～K7；

$\boxed{m2 \cdot}$：模拟量输出通道号，仅为 K1 有效；

$\boxed{S \cdot}$：写入数据，并将写入模拟量模块的数

值进行指定。

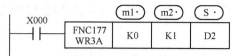

图 4-14 FNC177-WR3A 功能

4. FX$_{3U}$-3A-ADP 模拟量特殊适配器模块应用

（1）FX$_{3U}$-3A-ADP 功能概要

FX$_{3U}$-3A-ADP 连接在 FX$_{3S}$、FX$_{3G}$、FX$_{3GC}$、FX$_{3U}$、FX$_{3UC}$ 可编程序控制器上，是获取 2 通道的电压/电流数据并输出 1 通道的电压/电流数据的模拟量特殊适配器。其功能如下：

1）可以实现电压/电流的输入/输出。

2）各通道的 A-D 转换值被自动写入 FX$_{3S}$、FX$_{3G}$、FX$_{3GC}$、FX$_{3U}$、FX$_{3UC}$ 可编程序控制器的特殊数据寄存器中。

3）D-A 转换值根据 FX$_{3S}$、FX$_{3G}$、FX$_{3GC}$、FX$_{3U}$、FX$_{3UC}$ 可编程序控制器中特殊数据寄存器的值而被自动输出。

（2）外形及端子排列

FX$_{3U}$-3A-ADP 的端子排列如图 4-15 所示。

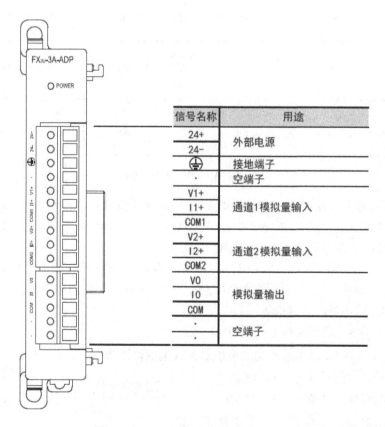

图 4-15 FX$_{3U}$-3A-ADP 连接端子示意图

76

其扩展及转换方式如图 4-16 所示。

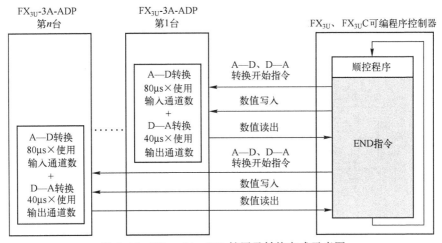

图 4-16　FX$_{3U}$-3A-ADP 扩展及转换方式示意图

（3）FX$_{3U}$-3A-ADP 输入/输出接线方式及数据特性

1）模拟量输入在每个通道（ch）中都可以作为电压/电流输入。图 4-17 所示为 FX$_{3U}$-3A-ADP 输入通道连接方式示意图。

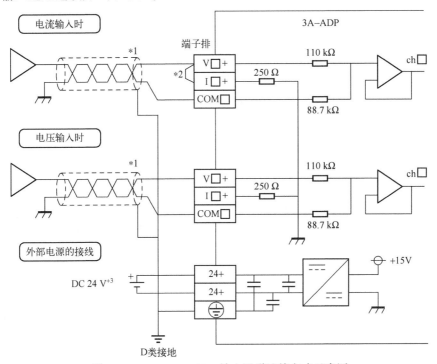

图 4-17　FX$_{3U}$-3A-ADP 输入通道连接方式示意图

2）模拟量输出接线。图 4-18 所示为 FX$_{3U}$-3A-ADP 输出通道连接方式示意图。

注：D 类接地是相对电压 300 V 以下的电器外壳接地，接地电阻在 100 Ω 以下。

3）接地方式。尽量采用专用接地。不能采用专用接地时，采用图 4-19 所示的"共用接地"。

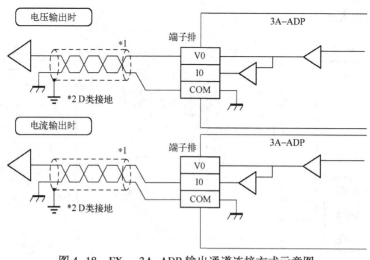

图 4-18 FX$_{3U}$-3A-ADP 输出通道连接方式示意图

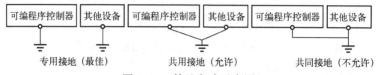

图 4-19 接地方式示意图

4）FX$_{3U}$-3A-ADP 输入/输出数据特性图 4-20 所示。

项目	规格			
	电压输入	电流输入	电压输出	电流输出
输入/输出点数	2通道		1通道	
模拟量输入/输出范围	DC 0 V～10 V（输入电阻198.7 kΩ)	DC 4 mA～20 mA（输入电阻250 kΩ)	DC 0 V～10 V（外部负载5 kΩ～1 MΩ)	DC 4 mA～20 mA（外部负载500 Ω以下)
最大绝对输入	−0.5 V, +15 V	−2 mA, +30 mA	—	—
数字量输入/输出	12位 二进制			
分辨率	2.5 mV(10 V×1/4 000)	5 µA(16 mA×1/3 200)	2.5 mA(10 V×1/4 000)	4 µA(16 mA×1/4 000)
输入/输出特性	数字量输出 4 080 / 4 000，模拟量输入 0～10 V（10.2 V)	数字量输出 3 280 / 3 200，模拟量输入 0.4 mA～20 mA（20.4 mA)	模拟量输出 10 V，数字量输入 0～4 000（4 080)	模拟量输出 20 mA / 4 mA，数字量输入 0～4 000（4 080)

图 4-20 FX$_{3U}$-3A-ADP 数据特性

（4）FX$_{3U}$-3A-ADP 的编程

1）程序写入与特殊软元件的分配

由图 4-21 所示的 FX$_{3U}$-3A-ADP 扩展分布图可见，从最靠近基本单元处开始，依次为第 1 台、第 2 台……但是，高速输入/输出特殊适配器以及通信特殊适配器、CF 卡特殊适配器不包含在内。

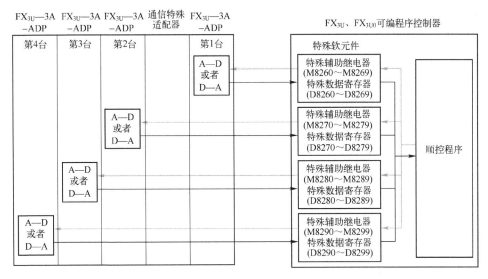

图 4-21　FX$_{3U}$-3A-ADP 扩展分布图

连接 FX$_{3U}$3A-ADP 时，特殊软元件的分配如图 4-22 所示，其中，R 为读出，W 为写入。

特殊软元件	软元件编号				内容	属性
	第1台	第2台	第3台	第4台		
特殊辅助继电器	M8260	M8270	M8280	M8290	通道1输入模式切换	R/W
	M8261	M8271	M8281	M8291	通道2输入模式切换	R/W
	M8262	M8272	M8282	M8292	输出模式切换	R/W
	M8263	M8273	M8283	M8293	未使用（请不要使用）	—
	M8264	M8274	M8284	M8294		
	M8265	M8275	M8285	M8295		
	M8266	M8276	M8286	M8296	对输出保持解除的设定	R/W
	M8267	M8277	M8287	M8297	设定输入通道1是否使用	R/W
	M8268	M8278	M8288	M8298	设定输入通道2是否使用	R/W
	M8269	M8279	M8289	M8299	设定输出通道是否使用	R/W
特殊数据寄存器	D8260	D8270	D8280	M8290	通道1中输入数据	R
	D8261	D8271	D8281	M8291	通道2中输入数据	R
	D8262	D8272	D8282	M8292	输出设定数据	R/W
	D8263	D8273	D8283	M8293	未使用（请不要使用）	—
	D8264	D8274	D8284	M8294	设定通道1的平均次数（设定范围：1～4 095）	R/W
	D8265	D8275	D8285	M8295	设定通道2的平均次数（设定范围：1～4 095）	R/W
	D8266	D8276	D8286	M8296	未使用（请不要使用）	—
	D8267	D8277	D8287	M8297		
	D8268	D8278	D8288	M8298	错误状态	R/W
	D8269	D8279	D8289	M8299	机型代码=50	R

图 4-22　FX$_{3U}$、FX$_{3UC}$可编程序控制器特殊软元件的分配

2）输入/输出模式的切换

通过将特殊辅助继电器置为 ON/OFF，可以设定 3A-ADP 为电流/电压的输入。
输入模式切换中使用的特殊辅助继电器如图 4-23 所示。

通过将特殊辅助继电器置为 ON/OFF，可以设定 3A-ADP 为电流/电压的输出。输出模式切换中使用的特殊辅助继电器如图 4-24 所示。

特殊辅助继电器				内容	
第1台	第2台	第3台	第4台		
M8260	M8270	M8280	M8290	通道1输入模式切换	OFF: 电压输入 ON: 电流输入
M8261	M8271	M8281	M8291	通道2输入模式切换	

图 4-23　FX$_{3U}$、FX$_{3UC}$可编程序控制器电流/电压输入的设定

特殊辅助继电器				内容	
第1台	第2台	第3台	第4台		
M8262	M8272	M8282	M8292	输出模式切换	OFF: 电压输出 ON: 电流输出

图 4-24　FX$_{3U}$、FX$_{3UC}$可编程序控制器电流输出/电压输出设定

3）FX$_{3U}$、FX$_{3UC}$可编程序控制器基本程序举例

图 4-25 所示为 FX$_{3U}$、FX$_{3UC}$可编程序控制器基本程序，其中设定第 1 台的输入通道 1 为电压输入、输入通道 2 为电流输入，并将它们的 A-D 转换值分别保存在 D100、D101 中；此外，设定输出通道为电压输出，并将 D-A 转换输出的数值设定为 D102。

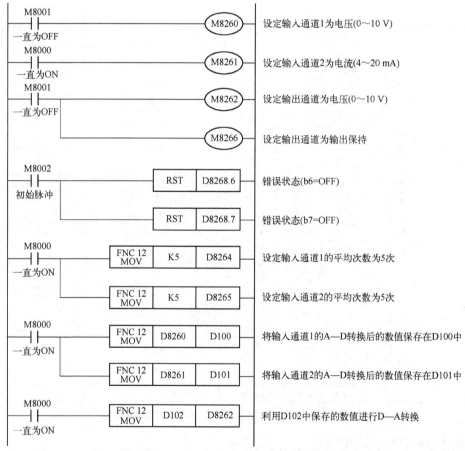

图 4-25　FX$_{3U}$、FX$_{3UC}$可编程序控制器基本程序

若不在 D100、D101 中保存输入数据，也可以在定时器、计数器的设定值或者 PID 指令等应用中直接使用 D8260、D8261。用人机界面或者顺控程序，向 D102 输入指定为模拟量输出的数值。

4.3 PLC 控制变频器调速

4.3.1 PLC 多段速控制变频器调速

1. 参数设定

变频器在外部操作模式或组合操作模式 2 下，可以通过外接开关器件的组合通断改变输入端子的状态来实现变频调速。这种控制频率的方式称为多段速控制功能。

FR-E740 变频器的速度控制端子是 RH、RM 和 RL。通过这些开关的组合可以实现 3 段速、7 段速的调速控制。

转速切换时，由于转速的挡次是按二进制的顺序排列的，故 3 个输入端可以组合成 3 挡~7 挡（0 状态不计）转速。其中，3 段速由 RH、RM、RL 单个通断来实现。7 段速由 RH、RM、RL 通断的组合来实现。

7 段速的各自运行频率则由参数 Pr.4~Pr.6（设置前 3 段速的频率）、Pr.24~Pr.27（设置第 4 段速~第 7 段速的频率）设定。对应的控制端状态及参数关系如图 4-26 所示。

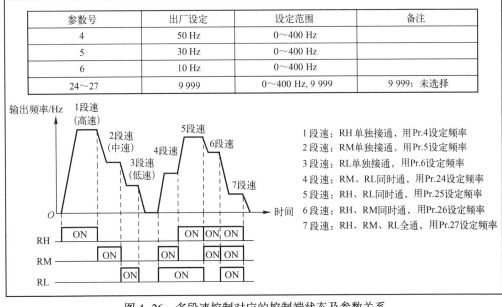

参数号	出厂设定	设定范围	备注
4	50 Hz	0~400 Hz	
5	30 Hz	0~400 Hz	
6	10 Hz	0~400 Hz	
24~27	9 999	0~400 Hz, 9 999	9 999：未选择

图 4-26 多段速控制对应的控制端状态及参数关系

在 PU 运行和外部运行中都可以进行多段速设定。运行期间参数值也能被改变。

3 段速设定的场合，其 Pr.24~Pr.27 设定为 9999；若 2 段速以上同时被选择时，低速信号的设定频率优先。

最后指出，如果把参数 Pr.183 设置为 8，将 RMS 端子的功能转换成多段速控制端 REX，就可以用 RH、RM、RL 和 REX 通断的组合来实现 15 段速。详细的说明参阅 FR-E700 使用手册。

2. PLC 多段速控制变频调速举例

变频器与 PLC 接线如图 4-27 所示。

例：实现 3 段速的调速控制，其中高速为 45 Hz，中速为 35 Hz，低速为 20 Hz，按启动按钮先高速启动 10 s，然后切换到低速 10 s 后，再切换到中速 10 s，然后依此循环。

设置：先初始化参数，再设置 Pr. 4 = 45，Pr. 5 = 35，Pr. 6 = 25，Pr. 79 = 3。

其相应 PLC 控制程序如图 4-28 所示。

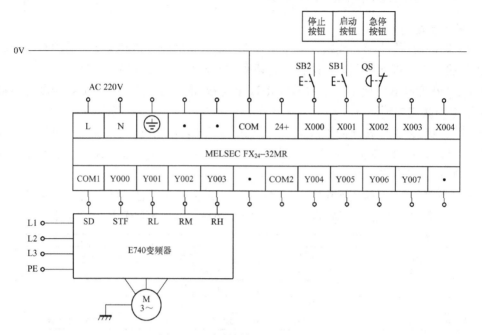

图 4-27 变频器与 PLC 接线图

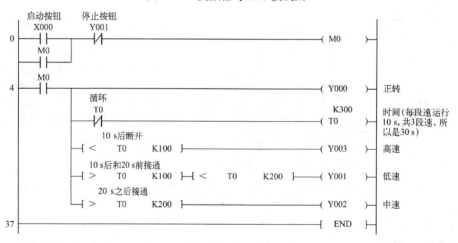

图 4-28 PLC 控制程序

4.3.2 PLC 模拟量输出控制变频器调速

1. 参数设定

对分拣单元变频器的频率设定，除了用 PLC 输出端子控制多段速度设定外，也需要连续设定频率。例如在变频器安装和接线完成进行运行试验时，常将调速电位器连接到变频器的模拟量输入信号端，进行连续调速试验。此外，若在触摸屏上指定变频器的频率，则此频率也应该是连续可调的。需要注意的是，如果要用模拟量输入（端子 2、4）设定频率，则 RH、RM、RL 端子应断开，否则多段速度设定优先。

（1）模拟量输入信号端子的选择

FR-E700 系列变频器提供两个模拟量输入信号端子（端子 2、4），用于连续变化的频率设定。在出厂设定情况下，只能使用端子 2，端子 4 无效。

要使端子 4 有效，需要在各接点输入端子 STF、STR……RES 之中选择一个，将其功能定义为 AU 信号的输入。当这个端子与 SD 端短接时，AU 信号为 ON，端子 4 变为有效，端子 2 变为无效。

例如若选择 RES 端子用于 AU 信号的输入，则设置参数 Pr. 184 = 4，在 RES 端子与 SD 端之间连接一个开关，当此开关断开时，AU 信号为 OFF，端子 2 有效；反之，当此开关接通时，AU 信号为 ON，端子 4 有效。

（2）模拟量信号的输入规格

如果使用端子 2，模拟量信号可为 0~5 V 或 0~10 V 的电压信号，用参数 Pr. 73 对其进行设定，其出厂设定值为 1，表示 0~5 V 的输入规格，并且不能可逆运行。参数 Pr. 73 的取值范围为 0、1、10、11，具体内容见表 4-9。

如果使用的是端子 4，则模拟量信号可为电压输入（0~5 V、0~10 V）或电流输入（4~20 mA），用参数 Pr. 267 和电压/电流输入切换开关设定，并且要输入与设定相符的模拟量信号。Pr. 267 取值范围为 0、1、2，具体内容见表 4-9。

表 4-9　模拟量输入选择（Pr. 73、Pr. 267）

参 数 编 号	名　　称	初　始　值	设 定 范 围	内　　容	
Pr. 73	模拟量输入选择	1	0	端子 2 中输入 0~10 V	无可逆运行
			1	端子 2 中输入 0~5 V	
			10	端子 2 中输入 0~10 V	有可逆运行
			11	端子 2 中输入 0~5 V	
Pr. 267	端子 4 输入选择	0	0	电压/电流输入切换开关	内容
				I ▭ V	端子 4 中输入 4~20 mA
			1	I ▭ V	端子 4 中输入 0~5 V
			2	I ▭ V	端子 4 中输入 0~10 V

注：电压输入时，输入电阻为 10 kΩ±1 kΩ、最大容许电压为 DC 20 V；
　　电流输入时，输入电阻为 233 Ω±5 Ω、最大容许电流 30 mA。

必须注意的是，若发生切换开关与输入信号不匹配的错误（例如开关设定为电流输入，但端子输入却为电压信号；或反之）时，会导致外部输入设备或变频器故障。

对于频率设定信号（DC 0~5 V、0~10 V 或 4~20 mA）相应输出频率的大小可用参数 Pr. 125（对端子 2）或 Pr. 126（对端子 4）设定，用于确定输入增益（最大）的频率。它们的出厂设定值均为 50 Hz，设定范围为 0~400 Hz。

2. 模拟量输出控制的举例

例：按启动按钮，用模拟量输出控制电动机，变频器的频率可随意设定，运行的过程中按切换按钮以切换电动机的正、反转，按停止按钮后停机。

模拟量输出模块与 PLC 连接如图 4-29 所示。

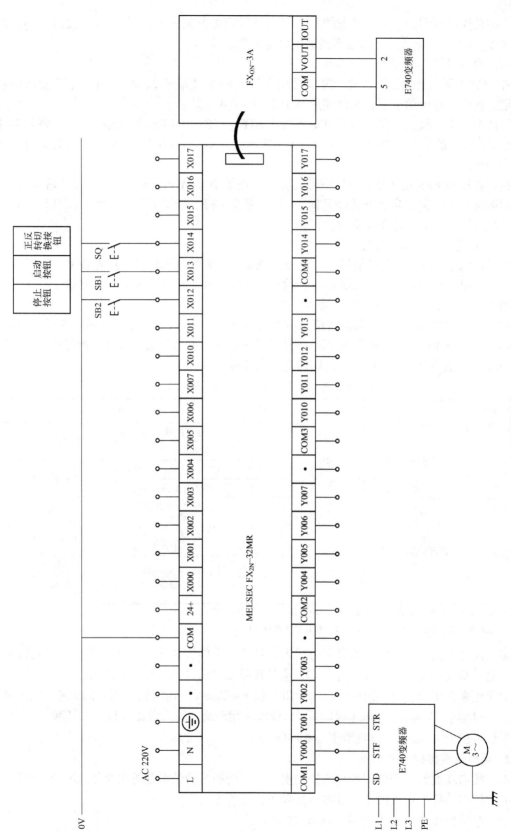

图4-29 模拟量输出模块与PLC连接

先初始化参数，再设置 Pr.73＝0，Pr.79＝2。

相应的 D-A 转换控制电动机程序梯形图如图 4-30 所示。

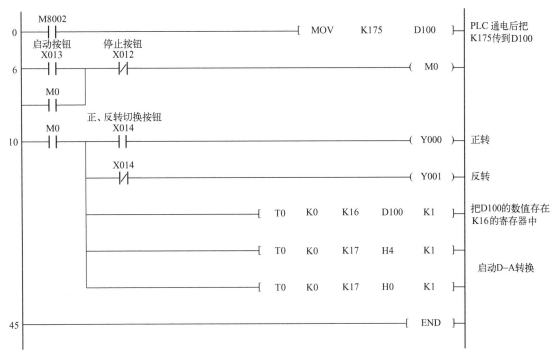

图 4-30　D-A 转换控制电动机程序梯形图

通过图 4-31 所示的输出特征曲线图，可以通过 PLC 计算出想要的准确频率。

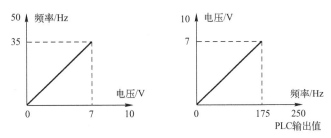

图 4-31　输出特征曲线图

项目5 PLC控制步进/伺服电动机

5.1 认知步进电动机及驱动器

1. 步进电动机简介

步进电动机是将电脉冲信号转换为相应的角位移或直线位移的一种特殊执行电动机。每输入一个电脉冲信号，电动机就转动一个角度，由于这种运动形式是步进式的，所以称为步进电动机。

（1）步进电动机的工作原理

下面以一台最简单的三相反应式步进电动机为例，简要介绍步进电动机的工作原理。

图5-1所示为一台三相反应式步进电动机的原理图。定子铁心为凸极式，共有3对（6个，即A-A′，B-B′，C-C′）磁极，每两个空间相对的磁极上绕有一相控制绕组。转子用软磁性材料制成，也是凸极结构，只有4个（1，2，3，4）齿，齿宽等于定子的极宽。

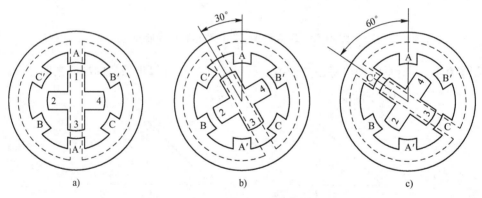

图5-1 三相反应式步进电动机的原理图
a）A相通电 b）B相通电 c）C相通电

当A相控制绕组通电，其余两相均不通电时，电动机内建立以定子A相极为轴线的磁场。由于磁通总具有试图走磁阻最小路径的特点，使得转子齿1、3的轴线与定子A相极轴线对齐，如图5-1a所示。当A相控制绕组断电、B相控制绕组通电时，转子在反应转矩的作用下，逆时针转过30°，使转子齿2、4的轴线与定子B相极轴线对齐，即转子走了一步，如图5-1b所示。若再断开B相，使C相控制绕组通电，转子逆时针方向又转过30°，使转子齿1、3的轴线与定子C相极轴线对齐，如图5-1c所示。如此按A→B→C→A的顺序轮流通电，转子就会一步一步地按逆时针方向转动。其转速取决于各相控制绕组通电与断电的频率，旋转方向取决于控制绕组轮流通电的顺序。若按A→C→B→A的顺序通电，则电动机按顺时针方向转动。

上述通电方式称为三相单三拍。"三相"是指三相步进电动机；"单"是指每次只有一相控制绕组通电；控制绕组每改变一次通电状态称为一拍，"三拍"是指改变三次通电状态为一个循环。每一拍转子转过的角度称为步距角，三相单三拍运行时，步距角为30°。显然，这个角度太大，不能付诸使用。

如果把控制绕组的通电方式改为 A→AB→B→BC→C→CA→A，即一相通电接着两相通电方式轮流进行，完成一个循环需要经过 6 次改变通电状态，称为三相单/双六拍通电方式。当 A、B 两相绕组同时通电时，转子齿的位置应同时考虑到两对定子极的作用，只有 A 相极和 B 相极对转子齿所产生的磁拉力相平衡的中间位置，才是转子的平衡位置。这样，单/双六拍通电方式下转子平衡位置增加了一倍，步距角为15°。

进一步减少步距角的措施是采用定子磁极带有小齿、转子齿数很多的结构。分析表明，这样结构的步进电动机，其步距角可以很小。一般地说，实际的步进电动机产品，都采用这种方法实现步距角的细分。例如输送单元所选用的 Kinco 3S57Q-04056 三相步进电动机，它的步距角在整步方式下为 1.8°，半步方式下为 0.9°。

除了步距角外，步进电动机还有相电流保持转矩、阻尼转矩和电动机惯量等技术参数，这些参数的物理意义参阅有关步进电动机的专门资料。3S57Q-04056 部分技术参数见表 5-1。

表 5-1　3S57Q-04056 部分技术参数

参　数　名　称	步距角/°	相电流/A	保持转矩/N·m	阻尼转矩/N·m	电动机惯量/kg·cm²
参数值	1.8	5.8	1.0	0.04	0.3

（2）步进电动机的使用

步进电动机的使用，一是要注意正确地安装；二是要正确地接线。

安装步进电动机，必须严格按照产品说明书的要求进行。步进电动机是一个精密装置，安装时注意不要敲打它的轴端，更不要拆卸电动机。

不同的步进电动机的接线有所不同，3S57Q-04056 步进电动机的接线图如图 5-2 所示，三相绕组的 6 根引出线，必须按头尾相连的原则连接成三角形。改变绕组的通电顺序就能改变步进电动机的转动方向。

2. 步进电动机的驱动装置

步进电动机需要专门的驱动装置（驱动器）供电，驱动器和步进电动机是一个有机的整体。步进电动机的运行性能是电动机及其驱动器二者配合所反映的综合效果。

一般来说，每一台步进电动机大都有其对应的驱动器，例如，与 Kinco 3S57Q-04056 三相步进电动机配套的驱动器是 Kinco 3M458 三相步进电动机驱动器。图 5-3 和图 5-4 分别是它的外观图和典型接线图。图中，驱动器可采用 DC 24~40 V 电源供电。在 YL-335B 中，该电源由输送单元专用的开关稳压电源（DC 24V 8A）供给。输出相电流和输入信号规格如下。

1）输出相电流为 3.0~5.8 A，输出相电流通过拨动开关设定；驱动器采用自然风冷的冷却方式。

2）控制信号的输入电流为 6~20 mA，控制信号的输入电路采用光耦隔离。输送单元 PLC 输出公共端 Vcc 使用的是 DC 24 V 电压，所使用的限流电阻 R1 为 2 kΩ。

由图 5-4 可知，步进电动机驱动器的功能是接收来自 PLC 一定数量和频率的脉冲信号以及电动机旋转方向的信号，并给步进电动机提供三相功率脉冲信号。

线色	电动机信号
红色	U
橙色	U
蓝色	V
白色	V
黄色	W
绿色	W

图 5-2　3S57Q-04056 步进电动机的接线

图 5-3　Kinco 3M458 外观

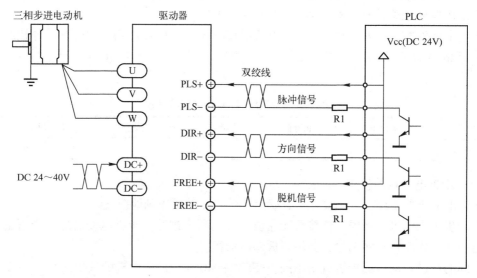

图 5-4　Kinco 3M458 的典型接线图

　　步进电动机驱动器的组成包括脉冲分配器和脉冲放大器两部分，主要解决向步进电动机的各相绕组分配所输出的脉冲和功率放大这两个问题。

　　脉冲分配器是一个数字逻辑单元，它接收来自 PLC 的脉冲信号和转向信号，把脉冲信号按一定的逻辑关系分配到每一相脉冲放大器上，使步进电动机按选定的运行方式工作。由于步进电动机各相绕组是按一定的通电顺序并不断循环来实现步进功能的，因此脉冲分配器也称为环形分配器。实现这种分配功能的方法有多种，例如，可以由双稳态触发器和门电路组成，也可由可编程逻辑器件组成。

　　脉冲放大器的功能是进行脉冲功率放大。因为脉冲分配器能够输出的电流很小（毫安级），而步进电动机工作时需要的电流较大，因此需要进行功率放大。此外，输出的脉冲波形、幅度和波形前沿陡度等因素对步进电动机运行性能有重要的影响。3M458 驱动器采取如下措施，大大改善了步进电动机运行性能。

　　1）内部驱动直流电压达 40 V 时，能提供更好的高速性能。

　　2）具有电动机静态锁紧状态下的自动半流功能，可大大降低电动机的发热。为调试方便，驱动器还有一对脱机信号输入线 FREE+ 和 FREE-（图 5-4），当这一信号为 ON 时，驱动器将断开输入到步进电动机的电源电路。YL-335B 没有使用这一信号，目的是使步进电动机在通电后，即使静止时也保持自动半流的锁紧状态。

3）3M458 驱动器采用交流伺服驱动原理，把直流电压通过脉宽调制技术变为三相阶梯式正弦波形电流，如图 5-5 所示。

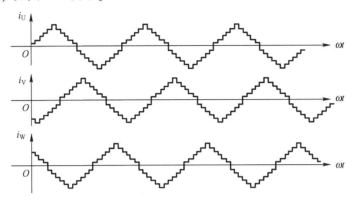

图 5-5　相位差 120°的三相阶梯式正弦波形电流

阶梯式正弦波形电流按固定时序分别流过三相绕组，其每个阶梯对应电动机转动一步。通过改变驱动器输出正弦电流的频率来改变电动机转速，而输出的阶梯数确定了每步转过的角度，角度越小，其阶梯数就越多，即细分就越大，从理论上说此角度可以设得足够小，因此细分数可以很大。3M458 具有最高可达 10 000 步/转的驱动细分功能，细分可以通过拨动开关设定。

驱动细分方式不仅可以减小步进电动机的步距角，提高分辨率，而且可以减少或消除低频振动，使电动机运行更加平稳均匀。

在 3M458 驱动器的侧面连接端子中间有一个红色的 8 位 DIP 功能设定开关，可以用来设定驱动器的工作方式和工作参数，包括细分设置、静态电流设置和运行电流设置。图 5-6 是该 DIP 开关功能说明，表 5-2 和表 5-3 分别为细分设置表和输出电流设置表。

开关序号	ON功能	OFF功能
DIP1～DIP3	细分设置用	细分设置用
DIP4	静态电流全流	静态电流半流
DIP5～DIP8	电流设置用	电流设置用

图 5-6　3M458 DIP 开关功能说明

表 5-2　细分设置表

DIP1	DIP2	DIP3	细分/（步/转）
ON	ON	ON	400
ON	ON	OFF	500
ON	OFF	ON	600
ON	OFF	OFF	1 000
OFF	ON	ON	2 000
OFF	ON	OFF	4 000
OFF	OFF	ON	5 000
OFF	OFF	OFF	10 000

表 5-3　输出电流设置表

DIP5	DIP6	DIP7	DIP8	输出电流/A
OFF	OFF	OFF	OFF	3.0
OFF	OFF	OFF	ON	4.0
OFF	OFF	ON	ON	4.6
OFF	ON	ON	ON	5.2
ON	ON	ON	ON	5.8

步进电动机传动组件的基本技术数据如下。

3S57Q-04056 步进电动机步距角为 1.8°，即在无细分的条件下每 200 个脉冲下电动机转一圈（若通过驱动器设置细分精度后，可以达到每 10 000 个脉冲下电动机转一圈）。

对于采用步进电动机作为动力源的 YL-335B 系统，出厂时驱动器设置细分为 10 000 步/转。如前所述，直线运动组件的同步轮齿距为 5 mm，共 12 个齿，旋转一周时搬运机械手的位移达 60 mm，即每步机械手的位移达 0.006 mm；电动机驱动电流设为 5.2 A；静态锁定方式为静态半流。

3. 使用步进电动机应注意的问题

控制步进电动机运行时，应注意步进电动机运行中失步的问题。

步进电动机失步包括丢步和越步。丢步时，转子前进的步数小于脉冲数；越步时，转子前进的步数多于脉冲数。丢步严重时，将使转子停留在一个位置上或围绕一个位置振动；越步严重时，设备将发生过冲。

使机械手装置返回原点的操作中，常会出现越步情况。当机械手装置回到原点时，原点开关动作，使指令输入 OFF。但如果到达原点前速度过高，则惯性转矩将大于步进电动机的保持转矩而使步进电动机越步，因此回原点的操作应确保足够低速为宜；当步进电动机驱动机械手高速运行时紧急停止，则不可避免出现越步情况，因此急停复位后应采取先低速返回原点且重新校准，再恢复原有操作的方法。（注：所谓保持转矩是指电动机各相绕组通额定电流且处于静态锁定状态时，电动机所能输出的最大转矩，它是步进电动机最主要的参数之一。）

由于电动机绕组本身是感性负载，输入频率越高，励磁电流就越小。频率高，磁通量变化加剧，涡流损失加大。因此，输入频率增高，输出转矩会降低。最高工作频率的输出转矩只能达到低频转矩的 40%~50%。进行高速定位控制时，如果指定频率过高，则会出现丢步现象。

此外，如果机械部件调整不当，会使机械负载增大。注意步进电动机不能过负载运行，哪怕是瞬间过负载，都会造成丢步，严重时将导致停转或在原地不规则反复振动。

5.2　YL-335B 装配单元 II

在 2017 年全国职业院校技能大赛高职组"自动线安装与调试"赛项中，因参照世界技能大赛的命题方式，第一次创新式引用了"未知单元"，该单元为 YL-335B 装配单元 II，要求完成其机械装配和编程。

5.2.1　装配单元 II 的结构概述

装配单元 II 的外观如图 5-7 所示。整个工作单元由供料机构和转盘机构组成。

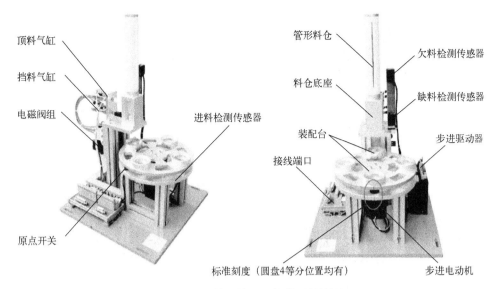

图 5-7　装配单元Ⅱ的外观结构图

装配单元的功能是完成将该单元料仓内的黑色和白色塑料工件以及金属小圆柱工件以嵌入方式放置在装配台上待装配工件中的装配过程。

装配单元的结构组成包括：管形料仓、供料机构、转盘机构、气动系统及其电磁阀组等，信号采集及其自动控制系统，以及用于电器连接的端子排组件，用于其他机构安装的铝型材支架及底板，传感器安装支架等其他附件。

1）管形料仓：用来存储装配用的金属、黑色和白色塑料小圆柱零件。它由塑料圆管和中空底座构成。塑料圆管顶端放置加强金属环，以防止破损。当工件被竖直放入料仓的空心圆管内时，由于二者之间有一定的间隙，使其能在重力作用下自由下落。

为了能对料仓供料不足和缺料时报警，在塑料圆管底部和底座处分别安装了 2 个漫反射型光电式传感器（E3Z-L 型），并在料仓的塑料圆管上纵向铣槽，使光电式传感器的红外光斑能可靠照射到被检测的物料上。

2）供料机构：系统气源接通后，顶料气缸的初始位置处在缩回状态，挡料气缸的初始位置处在伸出状态。这样，当从料仓上面放下工件时，工件将被挡料气缸活塞杆终端的挡块阻挡而不能落下。

需要进行落料操作时，首先使顶料气缸伸出，把次下层的工件夹紧，然后挡料气缸缩回，工件掉入转盘机构的物料台上。之后挡料气缸复位伸出，顶料气缸缩回，次下层工件跌落到挡料气缸活塞杆终端挡块上，为再一次供料做准备。

3）转盘机构：输送单元运送来的待装配工件直接被放置在该机构的料台定位孔中，光电式传感器（GRTE18S-N1317）检测到料台中有工件，步进电动机驱动转盘旋转至供料机构下方，供料机构供出小圆柱零件，以完成准确的定位和装配。转盘机构原点传感器为对射型光电式传感器 PM-L25。原点位置的确定如图 5-8 所示。

图 5-8 中，靠近原点传感器的装配台为装配台 2，进料检测传感器上方的装配台为装配台 1。转盘机构位于原点位置时，装配台 2 在供料料仓正下方，转盘刻度线应与固定盘刻度线对齐。（注：转盘上可安装 4 个装配台，但本生产线仅使用装配台 1 和装配台 2）

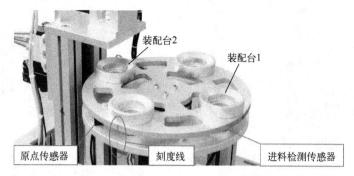

图 5-8　装配单元 II 中原点位置的确定

5.2.2　装配单元 II 转盘机构的结构及驱动

1. Kinco 3M458 三相步进电动机驱动器接线图

三菱、汇川系统与 Kinco 3M458 三相步进电动机驱动器的接线图如图 5-9 所示。

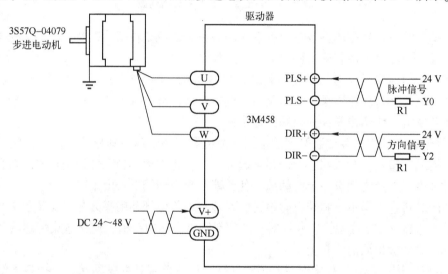

图 5-9　三菱、汇川系统与 Kinco 3M458 三相步进电动机驱动器接线图

2. 装配站电气接线

定义装配单元 II 装置侧的接线端口信号端子的分配表如表 5-4 所列。

表 5-4　装配单元 II 装置侧的接线端口信号端子的分配表

输入端口中间层			输出端口中间层		
端子号	设备符号	信号线	端子号	设备符号	信号线
2	BG1	原点检测	2	PLS+	步进电动机驱动器脉冲信号+
3	BG2	前入料口检测	3	PLS−	步进电动机驱动器脉冲信号−
4	BG3	物料不足检测	4	DIR+	步进电动机驱动器方向信号+
5	BG4	物料有无检测	5	DIR−	步进电动机驱动器方向信号−
6	IB2	顶料到位检测	6	1Y	挡料电磁阀

输入端口中间层			输出端口中间层		
端子号	设备符号	信号线	端子号	设备符号	信号线
7	1B1	顶料复位检测	7	2Y	顶料电磁阀
8	2B2	挡料状态检测	8		
9	2B1	下料状态检测			
10#~17#端子没有连接			7#~14#端子没有连接		

注：采用 FX 或 H2U 系列的系统，需将驱动器 PLS+、DIR+信号线连接到+24 V。

5.3 FX 系列 PLC 脉冲指令及编程应用

步进电动机是将电脉冲信号转变为角位移或者线位移的开环元件。在非过载的情况下，电动机的转速取决于脉冲频率和细分数。脉冲频率直接影响转速，频率越高，转速越高，但转速太高时，转矩会不足，并且电动机转速过快会产生丢步和抖动现象。

细分数为 1.8° 的电动机，表示每走一步旋转 1.8°，一圈 360°，需要走 200 步。如果不细分，则控制器 1 s 发 200 个脉冲就可以走一圈。现在设定步进驱动器细分为 2，即一圈需要 200×2 为 400 步。控制器仍保持那个 1 s 200 个脉冲的频率，这时 1 s 只能走半圈。细分越大，控制定位越精确，速度也会相应变低，为了不降低速度，这时只能提高脉冲发生频率。

本节中介绍两个发出脉冲的指令：PLSY 和 PLSR。其中，PLSY 指令没有加/减速的脉冲输出指令，PLSR 带有加/减速的脉冲输出指令，加速时间和减速时间需要计算。

1. PLSY 指令

PLSY 指令是以指定的频率产生定量脉冲的指令。在指令中可以设置脉冲频率、脉冲总数和发出脉冲的输出点；但只能控制脉冲数，如果是加方向的脉冲模式，那么对该方向信号要另选一个普通开关点进行控制。方向信号先于脉冲指令给定。

PLSY 为 16 位指令，DPLSY 为 32 位指令。PLSY 指令的使用如图 5-10 所示，其各操作数设定内容如下。

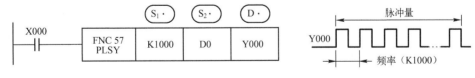

图 5-10　PLSY 指令的使用

1）S_1 为指定频率。FX_{2N} 和 FX_{2NC} 的范围：2~20 000（Hz），FX_{1S} 和 FX_{1N} 的范围：16 位指令为 1~32 767（Hz），32 位指令为 1~100 000（Hz）。在指令执行中若更改 S_1 指定的字软元件的内容，其输出频率也随之发生改变。

2）S_2 为指定产生的脉冲量。允许设定的范围：16 位指令为 1~132 767（PLS），32 位指令为 1~2 147 483 647（PLS）。将该值指定为零时，则对产生的脉冲不做限制。

3）D 为脉冲输出口（限于 Y000，Y001）。

PLSY 指令的 PLC 编程用法如图 5-11 所示。

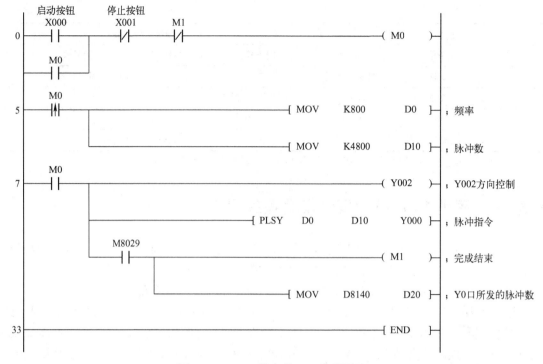

图 5-11　PLSY 指令的 PLC 编程用法

注：脉冲频率是 800 Hz，从 Y000 口发出 4 800 个脉冲，如果步进电动机转一圈需要 1 000 个脉冲，则该指令可驱动电动机转 4.8 圈。

使用时，注意 M8029 要紧跟其后，并复位驱动信号。D8140 会累计 Y000 口所发出的脉冲数，因此周期性动作时注意对其复位。

在输出过程中改变 D0 的值，其输出脉冲频率立刻改变（调速很方便）；在输出过程中改变输出脉冲数 D10 的值，其输出脉冲数并不改变，只有驱动断开再一次闭合后才按新的脉冲数输出。

2. PLSR 指令

PLSR 指令是带加/减速功能的定尺寸传送用脉冲输出指令。针对指定的最高频率，进行定加速，在达到所指定的输出脉冲数后，进行定减速。在指令中可以设置脉冲的最大频率、脉冲总数、加/减速时间和脉冲输出点。通过设置加/减速时间来实现匀加速。对于加方向的脉冲模式，还需要另外控制方向点。

该指令各操作数的设定内容如下。PLSR 为 16 位指令，DPLSR 为 32 位指令。PLSR 指令的使用如图 5-12 所示。

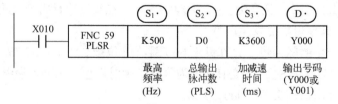

图 5-12　PLSR 指令的使用

1）S_1为最高频率（Hz）。可设定范围：10~20 000（Hz）。频率以 10 的倍数指定，指定 1 的位时，请参照产品手册注意事项。所指定的最高频率的 1/10 可作为减速时的一次变量（频率）。因此需将其设定在步进电动机等不失调的范围内。

2）S_2为总输出脉冲数（PLS）。可设定范围：16 位运算时为 110~32 767（PLS）；32 位运算时为 110~2 147 483 647（PSL）。设定值不满 100 时，脉冲不能正常输出。使用 DPLSR 指令时，此例中（D1，D0）作为 32 位设定值处理。

3）S_3为加/减速度时间（ms）。加速时间和减速时间以相同值动作。可设定范围：5 000（ms）以下，但要遵照以下的条件。

① 加/减速时间设定在 PLC 的扫描时间最大值（D8012 值）的 10 倍以上。若不到 10 倍，则加/减速时序不一定准确。

② 作为加/减速时间可以设定的最小值，其公式为

$$S_{3min} \geqslant \frac{90\,000}{S_1} \times 5$$

设定上述公式的值时，加/减速时间的误差增大，此外，设定值不到 90 000/S_1时，对 90 000/S_1进行四舍五入后运行。

③ 作为加/减速时间可以设定的最大值，其公式为

$$S_{3max} \leqslant \frac{S_2}{S_1} \times 818$$

PLSR 指令的 PLC 编程用法如图 5-13 所示。

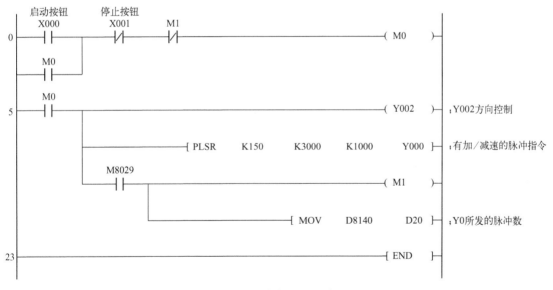

图 5-13 PLSR 指令的 PLC 编程用法

注：当 X000 接通时，Y000 输出 15 Hz 脉冲，在加速的 1 s 时间内，Y000 输出的脉冲频率分 10 级增加，加速到 150 Hz。

3. 与脉冲输出功能有关的主要的特殊内部存储器

M8029：脉冲发完后 M8029 闭合。当 M0 断开后 M8029 自动断开。

M8147：Y000 输出脉冲时闭合，发完后脉冲自动断开。

M8148：Y001 输出脉冲时闭合，发完后脉冲自动断开。

D8140：记录 Y000 输出的脉冲总数，32 位寄存器。

D8142：记录 Y001 输出的脉冲总数，32 位寄存器。

D8136：记录 Y000 和 Y001 输出的脉冲总数，32 位寄存器。

5.4 认知伺服电动机及伺服放大器

5.4.1 永磁交流伺服系统概述

现代高性能的伺服系统，大多数采用的是永磁交流伺服系统，其包括永磁同步交流伺服电动机和全数字永磁同步交流伺服驱动器两部分。

1. 交流伺服电动机的工作原理

伺服电动机内部的转子是永磁铁，驱动器控制的 U/V/W 三相电形成电磁场，转子在此磁场的作用下转动，同时将电动机自带的编码器反馈信号给驱动器，驱动器根据反馈值与目标值进行比较，调整转子转动的角度。伺服电动机的精度取决于编码器的精度（线数）。

永磁同步交流伺服驱动器主要由伺服控制单元、功率驱动单元、通信接口单元、伺服电动机及相应的反馈检测器件组成，其中伺服控制单元包括位置控制器、速度控制器、转矩和电流控制器等。其系统控制结构如图 5-14 所示。

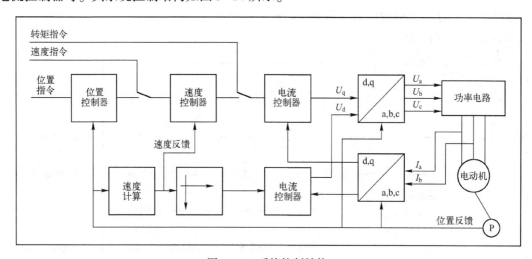

图 5-14　系统控制结构

伺服驱动器均采用数字信号处理器（DSP）作为控制核心，其优点是可以实现比较复杂的控制算法，实现数字化、网络化和智能化。功率器件普遍采用以智能功率模块（IPM）为核心设计的驱动电路，IPM 内部集成了驱动电路，同时具有过电压、过电流、过热和欠电压等故障检测保护电路，在主电路中还加入了软启动电路，以减小启动过程对驱动器的冲击。

功率驱动单元首先通过整流电路对输入的三相电或者市电进行整流，得到相应的直流电。再通过三相正弦 PWM 电压型逆变器变频来驱动三相永磁式同步交流伺服电动机。

逆变器（DC-AC）采用的功率器件是集成驱动电路、保护电路和功率开关于一体的智能功率模块（IPM），主要拓扑结构采用了三相桥式电路，原理图如图 5-15 所示。它利用了脉宽调制技术即 PWM（Pulse Width Modulation），通过改变功率晶体管交替导通的时间，即改变每半周期内晶体管的通断时间比，来改变逆变器输出波形的频率，也就是说通过改变脉冲宽度来改变逆变器输出电压幅值的大小以达到调节功率的目的。

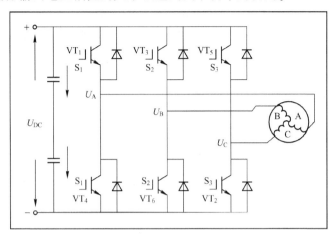

图 5-15　三相桥式电路原理图

2. 交流伺服系统的位置控制模式

由图 5-14 和图 5-15 可说明如下两点。

1）伺服驱动器输出到伺服电动机的三相电压波形基本是正弦波（高次谐波被绕组电感滤除），而不是像步进电动机那样是三相脉冲序列，即使从位置控制器输入的是脉冲信号。

2）伺服系统用作定位控制时，位置指令被输入到位置控制器，速度控制器输入端前面的电子开关被切换到位置控制器输出端，同样，电流控制器输入端前面的电子开关被切换到速度控制器输出端。因此，位置控制模式下的伺服系统是一个三闭环控制系统，两个内环分别是电流环和速度环。

由自动控制理论可知，这样的系统结构提高了系统的响应速度、稳定性和抗干扰能力。在足够高的开环增益下，系统的稳态误差接近于零。这就是说，在稳态时，伺服电动机以指令脉冲和反馈脉冲近似相等时的速度运行。而在达到稳态前，系统将在偏差信号作用下驱动电动机加速或减速。若指令脉冲突然消失（例如紧急停车时，PLC 立即停止向伺服驱动器发出驱动脉冲），伺服电动机仍会运行到反馈脉冲数等于指令脉冲消失前的脉冲数才停止。

3. 位置控制模式下电子齿轮的概念

位置控制模式下，等效的单闭环位置控制系统框图如图 5-16 所示。

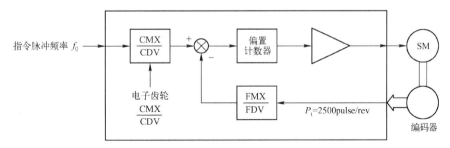

图 5-16　等效的单闭环位置控制系统框图

图 5-16 中, 指令脉冲信号和电动机编码器反馈脉冲信号进入驱动器后, 均通过电子齿轮进行变换才能进行偏差计算。电子齿轮实际是一个分-倍频器, 合理搭配它们的分-倍频值, 可以灵活地设置指令脉冲的行程。

例如 YL-335B 所使用的松下 MINAS A4 系列 AC 伺服电动机和驱动器, 电动机编码器反馈脉冲为 2 500 pulse/rev (p/r)。默认情况下, 驱动器反馈脉冲电子齿轮分-倍频值为 4 倍频。如果希望指令脉冲为 6 000 p/r, 那么就应把指令脉冲电子齿轮的分-倍频值设置为 10 000/6 000。从而实现 PLC 每输出 6 000 个脉冲, 伺服电动机旋转一周, 驱动机械手恰好移动 60 mm 的整数倍关系。具体设置方法将在下一节说明。

5.4.2 松下 MINAS A4 系列 AC 伺服电动机和驱动器

在 YL-335B 的输送单元中, 采用了松下 MHMD022P1U 永磁同步交流伺服电动机及 MADDT1207003 全数字永磁同步交流伺服驱动装置作为运输机械手的运动控制装置。该伺服电动机结构如图 5-17 所示。

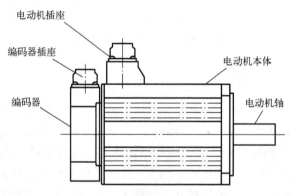

图 5-17 伺服电动机结构概图

MHMD022P1U 的含义: MHMD 表示电动机类型为大惯量, 02 表示电动机的额定功率为 200 W, 2 表示电压规格为 200 V, P 表示编码器为增量式编码器, 脉冲数为 2 500 p/r, 分辨率为 10 000, 输出信号线数为 5 根。

MADDT1207003 的含义: MADDT 表示松下 A4 系列 A 型驱动器, T1 表示最大瞬时输出电流为 10 A, 2 表示电源电压规格为单相 200 V, 07 表示电流监测器额定电流为 7.5 A, 003 表示脉冲控制专用。驱动器的外观和面板如图 5-18 所示。

1. 接线端口

MADDT1207003 伺服驱动器面板上有多个接线端口, 其中:

1) X1: 电源输入接口, AC 220 V 电源连接到 L1、L3 主电源端子, 同时连接到控制电源端子 L1C、L2C 上。

2) X2: 电动机接口和外置再生放电电阻器接口。U、V、W 端子用于连接电动机。必须注意, 电源电压务必按照驱动器铭牌上的指示, 电动机接线端子 (U、V、W) 不可以接地或短路, 交流伺服电动机的旋转方向不像感应电动机可以通过交换三相相序来改变, 必须保证驱动器上的 U、V、W 接线端子与电动机主电路接线端子按规定的次序一一对应, 否则可能造成驱动器的损坏。必须保证电动机的接地端子和驱动器的接地端子以及滤波器的接地端子可靠地连接到同一个接地点上, 机身也必须接地。RB1、RB2、RB3 端子是外置再生放

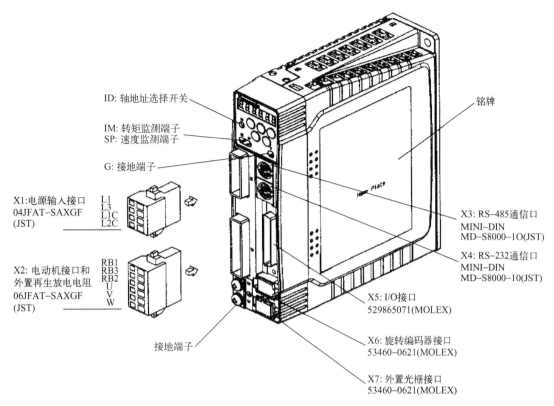

ID: 轴地址选择开关

IM: 转矩监测端子
SP: 速度监测端子

G: 接地端子

X1:电源输入接口
04JFAT-SAXGF
(JST)

L1
L3
L1C
L2C

X2: 电动机接口和
外置再生放电电阻
06JFAT-SAXGF
(JST)

RB1
RB3
RB2
U
V
W

接地端子

铭牌

Name plate

X3: RS-485通信口
MINI-DIN
MD-S8000-1O(JST)

X4: RS-232通信口
MINI-DIN
MD-S8000-10(JST)

X5: I/O接口
529865071(MOLEX)

X6: 旋转编码器接口
53460-0621(MOLEX)

X7: 外置光栅接口
53460-0621(MOLEX)

图 5-18　伺服驱动器的外观和面板图

电电阻，MADDT1207003 的规格为 $100\,\Omega/10\,W$，YL-335B 没有使用外置放电电阻。

3）X6：连接到电动机旋转编码器的信号接口，连接电缆应选用带有屏蔽层的双绞电缆，屏蔽层应接到电动机侧的接地端子上，并且应确保将编码器电缆屏蔽层连接到插头的外壳（FG）上。

4）X5：I/O 控制信号接口，其部分引脚信号定义与选择的控制模式有关，不同模式下的接线参考《松下 A 系列伺服电动机手册》。YL-335B 输送单元中，伺服电动机用于定位控制，因此选用位置控制模式，所采用的是简化接线方式，如图 5-19 所示。

2. 伺服驱动器的参数设置与调整

松下的伺服驱动器有 7 种控制运行方式，即位置控制、速度控制、转矩控制、位置/速度控制、位置/转矩控制、速度/转矩控制和全闭环控制。位置控制方式就是通过输入脉冲串来使电动机定位运行，电动机转速与脉冲串频率相关，电动机转动的角度与脉冲个数相关。速度控制方式有两种：一是通过输入直流（-10~10 V）指令电压调速；二是选用驱动器内设置的内部速度来调速。转矩控制方式是通过输入直流（-10~10 V）指令电压调节电动机的输出转矩，这种方式下运行必须要进行速度限制，有如下两种方法：设置驱动器内的参数限制；输入模拟量电压限制。

3. 伺服驱动器参数设置方式操作说明

MADDT1207003 伺服驱动器的参数共有 128 个，Pr00~Pr7F，可以通过与 PC 连接后，在专门的调试软件上进行设置，也可以在驱动器的面板上进行设置。

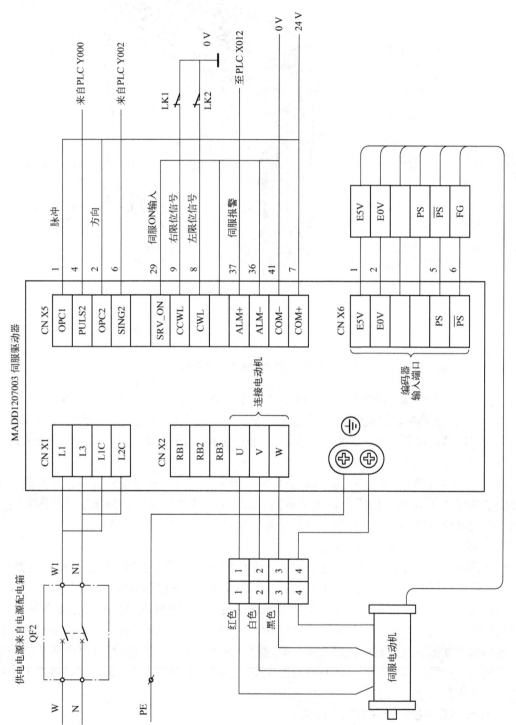

图5-19 伺服驱动器电气接线图

Panaterm 软件在 PC 上安装后，通过与伺服驱动器建立通信，就可将伺服驱动器的参数状态读出或写入，非常方便，如图 5-20 所示。当现场条件不允许，或修改少量参数时，也可通过驱动器操作面板来完成，其操作面板如图 5-21 所示。其上各个按钮的说明见表 5-5。

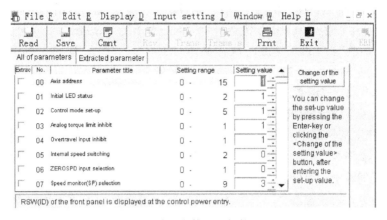

图 5-20　驱动器参数设置软件 Panaterm

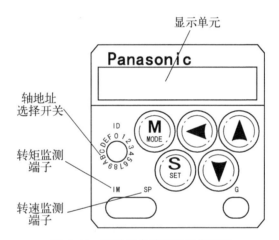

图 5-21　驱动器参数设置操作面板

表 5-5　伺服驱动器操作面板按键的说明

按　键	激 活 条 件	功　　能
MODE	在模式显示时有效	在以下 5 种模式之间切换：1）监视器模式；2）参数设置模式；3）E^2PROM 写入模式；4）自动调整模式；5）辅助功能模式
SET	一直有效	用来在模式显示和执行显示之间进行切换
▲　▼	仅对小数点闪烁的那一位数据位有效	改变各模式里的显示内容、更改参数、选择参数或执行选中的操作
◀		把移动的小数点移动到更高位

面板操作说明如下：

1）参数设置。先按"SET"键，再按"MODE"键选择到"Pr00"后，按向上、向下或向左的方向键选择通用参数的项目，按"SET"键进入。然后按向上、向下或向左的方向键调整参数，调整完后，按"SET"键返回。再选择其他项进行调整。

2）参数保存。按"MODE"键选择到"EE-SET"后按"SET"键确认，出现"EEP-"，然后按向上的方向键3 s，出现"FINISH"或"reset"，然后重新通电即可保存。

3）手动 JOG 运行按"MODE"键选择到"AF-ACL"，然后按向上或向下的方向键选择到"AF-JOG"后再按"SET"键一次，显示"JOG-"，然后按向上的方向键3 s显示"ready"，再按向左的方向键3 s出现"sru_on"锁紧轴，按向上或向下的方向键，单击正/反转按钮。注意先将 S-ON 断开。

4. 伺服驱动器部分参数说明

在 YL-335B 上，伺服驱动装置工作于位置控制模式，FX$_{1N}$-40MT 的 Y000 输出脉冲作为伺服驱动器的位置指令，脉冲的数量决定伺服电动机的旋转位移，即机械手的直线位移，脉冲的频率决定了伺服电动机的旋转速度，即机械手的运动速度；Y002 的输出脉冲作为伺服驱动器的方向指令。对于控制要求较为简单的情况，伺服驱动器可采用自动增益调整模式。根据上述要求，伺服驱动器参数设置如表 5-6 和表 5-7 所示。

表5-6　松下 A4 系列伺服驱动器参数设置表

序号	参　数		设置数值	功能和含义
	参数编号	参数名称		
1	Pr 01	LED 初始状态	1	显示电动机转速
2	Pr 02	控制模式	0	位置控制（相关代码 P）
3	Pr 04	行程限位禁止输入无效设置	2	当左或右限位动作时，会发生 Err38。行程限位禁止输入信号出错报警。设置此参数值必须在控制电源断电重启之后才能修改、写入成功
4	Pr 20	惯量比	1 678	该值通过自动调整得到，不用设置
5	Pr 21	实时自动增益设置	1	实时自动调整为常规模式，运行时负载惯量的变化情况很小
6	Pr 22	实时自动增益的机械刚性选择	1	此参数值设得越大，响应越快
7	Pr 41	指令脉冲和旋转方向设置	1	用于设置指令脉冲和旋转方向。设置此参数值必须在控制电源断电重启之后才能修改、写入成功
8	Pr 42	指令脉冲输入方式	3	
9	Pr 48	指令脉冲分频、倍频第 1 分子	10 000	每转所需指令脉冲数=编码器分辨率×$\dfrac{Pr\,4B}{Pr\,48×2^{Pr4A}}$
10	Pr 49	指令脉冲分频、倍频第 2 分子	0	若编码器分辨率为 10 000（2 500 p/r×4），参数设置如左侧表中所示，则
11	Pr 4A	指令脉冲分频、倍频分子倍率	0	每转所需指令脉冲数=$10\,000×\dfrac{Pr\,4B}{Pr\,48×2^{Pr\,4A}}$
12	Pr 4B	指令脉冲分频、倍频分母	6 000	$=10\,000×\dfrac{6\,000}{10\,000×2^0}$ p/r=6 000 p/r

注：其他参数的说明及设置参见松下 MINAS A4 系列伺服电动机、驱动器的使用说明书。

表 5-7 松下 A5 系列伺服驱动器参数设置表

序号	参数		设置数值	功能和含义	初始值
	参数编号	参数名称			
1	Pr 5.28	LED 初始状态	1	显示电动机转速	
2	Pr 00.1	控制模式	0	设定范围：0~6，0 时为位置控制模式	0
3	P r5.04	驱动禁止输入设定	2	设定范围：0~2； 0：POT→正方向驱动禁止（右限位动作）； NOT→负方向驱动禁止（左限位动作），但不发生报警； 1：POT、NOT 时无效； 2：POT/NOT 时任何单方的输入，将发生 Err 38.0（驱动禁止输入保护）出错报警	1
4	Pr 0.04	惯量比	250	实时自动增益调整有效时，实时推断惯量比，每 30 min 保存在 E²PROM 中	
5	Pr 0.02	实时自动增益设置	1	设定值为 0 时，实时自动增益调整功能无效；为 1 时是标准模式，实时自动增益调整有效，是重视稳定性的模式。不进行可变载荷并且也不使用摩擦补偿	1
6	Pr 0.03	实时自动增益的机械刚性选择	13	实时自动增益调整有效时的机械刚性设定。此参数值设得越大，响应越快，但变得容易产生振动	13
7	Pr 0.06	指令脉冲旋转方向设置	与所使用指令有关	指令脉冲+指令方向。设置此参数值时必须在控制电源断电重启之后才能对其修改、写入成功	0
8	Pr 0.07	指令脉冲输入方式	3	指令脉冲 + 指令方向 PULS SIGN L（低电平） H（高电平）	1
9	Pr 0.08	指定相当于电动机每旋转 1 次的指令脉冲数	6 000	① 若 Pr 0.08≠0，电动机每转 1 次的指令脉冲数不受 Pr 0.09、Pr 0.10 设定的值影响 指令脉冲输入 → 编码器分辨率/[Pr 0.08设定值] → 位置指令	
10	Pr 0.09	第 1 指令分频、倍频分子	0	② 若 Pr 0.08=0，Pr 0.09=0 指令脉冲输入 → 编码器分辨率/[Pr 0.10设定值] → 位置指令	
11	Pr 0.10	指令脉冲分频、倍频分母	6000	③ 若 Pr 0.08=0，Pr 0.09≠0 指令脉冲输入 → [Pr0.09设定值]/[Pr0.10设定值] → 位置指令 编码器分辨率为 10 000（2 500 p/r×4） (p/r=脉冲数/旋转 1/圈)	

注：对表中参数 Pr 0.01、Pr 5.04、Pr 0.06、Pr 0.07、Pr 0.08 的设置必须在控制电源断电重启后才能对其修改、写入成功；其他参数的说明及设置参见松下 MINAS A5 系列伺服电动机、驱动器使用说明书。

参数设置的进一步说明如下。

① Pr 5.04 是保护参数，用于设定越程故障发生时的保护策略。当设定为 2 时，表示当左或右限位动作，都会发生 Err38.0（驱动禁止输入保护）出错报警，伺服电动机立即停止。只有当越程信号复位，并且驱动器断电后再重新通电，报警才能复位。

② Pr 0.02、Pr 0.03 是动态参数，用以设置实时自动调整功能是否有效，以及有效时系统的

机械刚性。对于 YL-335B 正常运行中实时推断出来的惯量比（惯量比是指电动机轴的负载惯量与伺服电动机轴的旋转惯量比值的百分数），也无须设置。

③ Pr 0.06，Pr 0.07 用以分别设定指令脉冲旋转方向和指令脉冲输入方式。

- Pr 0.07 规定了确定指令脉冲旋转方向的方式：两相正交脉冲（Pr 0.07 = 0 或 2）；CW 和 CCW（Pr 0.07 = 1）；指令脉冲 + 指令方向（Pr 0.07 = 3）。用 PLC 的高速脉冲输出驱动时，应选择 Pr 0.07 = 3。

- 当 Pr 0.06 = 0，Pr 0.07 = 3，指令方向信号 SING 为高电平（有电流输入）时，正向旋转。如果需要反向旋转，则改变指令方向信号 SING 为低电平（无电流输入）。

- 当 Pr 0.06 = 1，Pr 0.07 = 3，指令方向信号 SING 为低电平（无电流输入）时，正向旋转。如果需要反向旋转，则改变指令方向信号 SING 为高电平（有电流输入）。

④ Pr 0.08、Pr 0.09、Pr 0.10 用于电子齿轮设置，由于 Pr 0.08 ≠ 0 时，电动机每旋转 1 次的指令脉冲数不受 Pr 0.09、Pr 0.10 的设定影响，故只需设置 Pr 0.08 即可。

YL-335B 中，同步轮齿数 = 12，齿距 = 5 mm，每转 60 mm，为便于编程计算，希望脉冲当量为 0.01 mm，即伺服电动机转一圈，需要 PLC 发出 6 000 个脉冲，故设定 Pr 0.08 = 6 000。

5.5 FX 系列 PLC 定位控制编程指令及（FX_{1N} 与 FX_{3U}）特殊内部存储器的比较

晶体管输出的 FX_{1N} 系列 PLC 的 CPU 单元支持高速脉冲输出功能，但仅限于 Y000 和 Y001 点。输出脉冲的频率最高可达 100 kHz。

对输送单元步进电动机的控制主要是返回原点和定位控制。可以使用 FX_{1N} 的脉冲输出指令 FNC57（PLSY）、带加/减速的脉冲输出指令 FNC59（PLSR）、可变速脉冲输出指令 FNC157（PLSV）、原点回归指令 FNC156（ZRN）、相对位置控制指令 FNC158（DRVI）、绝对位置控制指令 FNC158（DRVA）来实现。这里只介绍后 3 条指令，其他指令参见 PLC 编程手册相关内容。

1. 原点回归指令 FNC156（ZRN）

当 PLC 断电时控制信号会消失，因此在通电和初始运行时，必须执行原点回归指令，将机械动作的原点位置的数据事先写入。原点回归指令格式如图 5-22 所示。

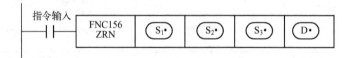

图 5-22 ZRN 的指令格式

（1）原点回归指令格式说明

① $(S_1 \cdot)$：原点回归速度，用以指定原点回归开始的速度。

[16 位指令]：10 ~ 32 767（Hz）；

[32 位指令]：10 Hz ~ 100（kHz）。

② $(S_2 \cdot)$：爬行速度，用以指定近点信号（DOG）变为 ON 后低速部分的速度。

③ (S₃·)：近点信号，用以指定近点信号输入。当指令表示输入继电器（X）以外的元件时，由于会受到 PLC 运算周期的影响，会引起原点位置的偏移增大。

④ (D·)：原点信号，用以指定有脉冲输出的 Y 编号（仅限于 Y000 或 Y001）。

（2）原点回归动作顺序

原点归零示意图如图 5-23 所示。原点回归动作按照下述顺序进行。

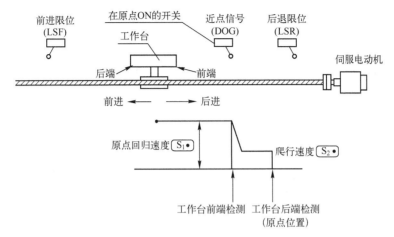

图 5-23　原点归零示意图

① 驱动指令后，输送单元以原点回归速度开始移动。

● 在原点回归过程中，指令驱动接点变为 OFF 状态时，输送单元将不减速而停止。

● 指令驱动接点变为 OFF 后，在脉冲输出中监控（Y000：M8147，Y001：M8148）状态为 ON 时，接点将不接受指令的再次驱动。

② 当近点信号（DOG）由 OFF 变为 ON 时，减速至爬行速度。

③ 当近点信号（DOG）由 ON 变为 OFF 时，在停止脉冲输出的同时，向当前值寄存器（Y000：[D8141，D8140]，Y001：[D8143，D8142]）中写入 0。另外，M8140（清零信号输出功能）为 ON 时，同时输出清零信号。随后，当执行完成标志（M8029）动作的同时，脉冲输出中监控状态变为 OFF。

2. 相对位置控制指令 FNC158（DRVI）

FNC158（DRVI）是以相对驱动方式执行单速位置控制的指令，指令格式如图 5-24 所示。

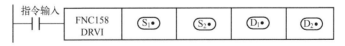

图 5-24　DRVI 的指令格式

指令格式说明如下。

① (S₁·)：输出脉冲数（相对指令）。

　[16 位指令]：-32 768～32 767；

　[32 位指令]：-999 999～999 999。

② $\overset{S_2}{\bullet}$：输出脉冲数。

[16 位指令]：10~32 767（Hz）；

[32 位指令]：10 Hz~100（kHz）。

③ $\overset{D_1}{\bullet}$：脉冲输出起始地址，仅能用于 Y000、Y001。

④ $\overset{D_2}{\bullet}$：旋转方向信号输出起始地址。根据 $\overset{S_1}{\bullet}$ 的正负，按照以下方式动作。

[+（正）] →ON；

[-（负）] →OFF。

- 指定输出脉冲数 $\overset{S_1}{\bullet}$，以对应下面的当前值寄存器作为相对位置。

向 [Y000] 输出时→ [D8141（高位），D8140（低位）]（使用 32 位）；

向 [Y001] 输出时→ [D8143（高位），D8142（低位）]（使用 32 位）；

反转时，当前值寄存器的数值减小。

- 旋转方向通过输出脉冲数 $\overset{S_1}{\bullet}$ 的正负符号来指定。

- 在指令执行过程中，即使改变操作数的内容，也无法在当前运行中表现出来。只有在下一次指令执行时才有效。

- 若在指令执行过程中，指令驱动的接点变为 OFF 时，输送单元将减速停止。此时执行完成标志 M8029 不动作。

- 指令驱动接点变为 OFF 后，在脉冲输出中标志（Y000：[M8147]，Y001：[M8148] 处于 ON 时，接点将不接受指令的再次驱动）。

此外，在使用 DRVI 指令时还要注意各操作数间的相互配合。

① 加/减速时的变速级数固定在 10 级，故一次变速量是最高频率的 1/10。因此设定最高频率时应考虑在步进电动机不失步的范围内。

② 加/减速时间不小于 PLC 的扫描时间最大值（D8012 值）的 10 倍，否则加/减速各级时间不均等（更具体的设定要求请参阅 FX$_{1N}$ 编程手册）。

3. 绝对位置控制指令 FNC158（DRVA）

FNC158（DRVA）是以绝对驱动方式执行单速位置控制的指令，指令格式如图 5-25 所示。

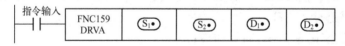

图 5-25　DRVA 的指令格式

指令格式说明同相对位置控制指令 FNC158（DRVI）。

4. 与脉冲输出功能有关的主要特殊内部存储器

与脉冲输出功能有关的主要特殊内部存储器如表 5-8 所列。

表 5-8　与脉冲输出功能有关的主要特殊内部存储器

FX$_{1N}$ 寄存器	FX$_{3U}$ 寄存器	内　　容
[D8141, D8140]	[D8341, D8340]	输出至 Y000 的脉冲总数
[D8143, D8142]	[D8351, D8350]	输出至 Y001 的脉冲总数
[D8136, D8137]	[D8136, D8137]	输出至 Y000 和 Y001 的脉冲总数

FX$_{1N}$寄存器	FX$_{3U}$寄存器	内　容
［M8145］	［M8349］	Y000 脉冲输出后停止（立即停止）
［M8146］	［M8359］	Y001 脉冲输出后停止（立即停止）
［M8147］	［M8340］	Y000 脉冲输出中监控
［M8148］	［M8350］	Y001 脉冲输出中监控

对各个数据寄存器内容可以利用 "（D）MOV K0 D81□□" 进行清除。

5.6　装配单元 II PLC 控制程序的编写

5.6.1　装配单元 II 的单站测试

1. 控制流程描述

（1）准备

1）断开各工作站 PLC 与编程设备的连接，关闭各站工作电源，关闭气源，清除各工作站上的所有工件。

2）使二联件压力设定为 5 bar，接通气源。

3）将装配按钮和指示灯模块的 SA（工作模式）开关扳到接通位置（扳向右边）。

4）使装配单元 II 转盘转动到对原点位置有足够偏离的位置，然后接通装配单元 II 工作电源。电源接通后转盘应无跳动现象。

（2）复位

按下复位按钮 SB1，装配站执行复位操作。

1）复位过程中转盘转动应平稳，到达原点后，转盘的刻度线与固定圆盘刻度线对齐，装配台 2 位于供料盘正下方（装配台 1 和装配台 2 的定义请参阅 5.2.1）

2）复位过程中 HL1 以 1 Hz 闪烁，复位成功时指示灯 HL1 点亮。

（3）测试

当装配站满足初态时（即装配站各气缸在初始位置，料仓有足够芯件，转盘上没有工件，转盘处于原点位置，电动机停止），按下 SB2 按钮，测试启动，指示灯 HL2 点亮。

① 人工进料到装配台 1。进料传感器检测到有工件时，转盘正向旋转 180°至料仓下方。

② 此时装配台 2 也转动 180°到进料位置。人工进料到装配台 2 上。

③ 装配台 1 转到料仓下方后，开始第 1 个工件装配，料盘中芯件应顺利落到待装配工件内。

④ 完成后装配台 1 正向转 180°，重新转到进料位置，人工将已装配的工件取走。

⑤ 装配台 2 重新转到料仓下面，开始第 2 个工件装配，料盘中芯件应顺利落到待装配工件内。

⑥ 装配完成后，若装配台 1 已完成了第 3 个工件进料，装配台 2 正向转 180°到进料位置，人工取出装配台 2 的已装配工件。

⑦ 装配台 1 转到料仓下方后，开始第 3 个工件装配，料盘中芯件应顺利落到待装配工

件内。

⑧ 装配完成后，若装配台 2 工件已取出，装配台 1 正向转 180°，重新转到进料位置，人工将已装配的工件取走。

可按以上顺序重复运行。

若运行中再次按下 SB2 按钮，则不再进行人工进料。

（4）测试注意事项

1）PLC 程序应根据 2 个装配台当前是否有工件的状况，完成有工件装配台的装配，然后正向转至进料位置以取出工件。

2）当 2 个装配台上都没有工件时，测试过程停止。

3）测试过程结束，指示灯 HL2 熄灭。转盘刻度线与固定盘刻度线的对齐关系应无明显偏离。

4）测试过程中，转盘运动应平稳无明显振荡现象

5）测试过程结束后关闭装配单元Ⅱ工作电源，并人工使转盘转到对原点位置有足够偏离的位置。

2. 对控制程序分析

1）定义的 I/O 信号如表 5-9 所列。

表 5-9　定义 I/O 信号

输入信号				输出信号			
输入点	信号符号	信号名称	信号来源	输出点	信号符号	信号名称	输出目标
X000	BG1	原点检测	装置 测端口	Y000	PLS-	驱动器脉冲信号-	装置 测端口
X001	BG2	前料口检测		Y001			
X002	BG3	物料不足检测		Y002	DIR-	驱动器方向信号-	
X003	BG4	物料有无检测		Y003			
X004	1B2	顶料到位检测		Y004	1Y	顶料电磁阀驱动	
X005	1B1	顶料复位检测		Y005	2Y	挡料电磁阀驱动	
X006	2B2	挡料状态检测		Y006			
X007	2B1	下料状态检测		Y007			
X010				Y010			
X011				Y011			
X012				Y012			
X013				Y013			
X014				Y014			
X015				Y015	HL1		指示灯 模块
X016				Y016	HL2		
X017				Y017	HL3		
X020	SB1	控制按钮	按钮模块	Y020 ~ Y027 没有接线			
X021	SB2	控制按钮					
X022	QS	急停开关					
X023	SA	工作模式选择					
X24 ~ X27 没有接线							

2）设定步进驱动器的 DIP 开关，如表 5-10 所列。

表 5-10 步进驱动器的 DIP 开关

PID1	PID2	PID3	PID4	PID5	PID6	PID7	PID8
OFF	OFF	OFF	OFF	OFF	OFF	OFF	ON
细分 10 000 步/转			静态电流半流		输出相电流 4 A		

3）编程案例

按照上述任务要求，可以采取相对指令或者绝对指令的编程方式。以下采取相对指令编程。编程顺序：上电初始化（图 5-26）→回归原点（图 5-27）→初始状态时按 SB2 按钮启动，启动后按 SB2 按钮停止（图 5-28）→运行指示灯显示（图 5-29）→启动后第一次放料（图 5-30）→正转 180°并落料，开始第 2 个工件的放料（图 5-31）→正转 180°并落料，拿走第一个装配体，重新放料（图 5-32）→正转 180°并落料，结束放料（图 5-33）→当物料口没有工件时，正转 180°，取出装配体，回测试运行中的初步（图 5-34）→测试运行中按下 SB2 按钮，完成当前工件装配后，跳到停止进料步（图 5-35）。其中，每次落料驱动程序段如图 5-39 所示。

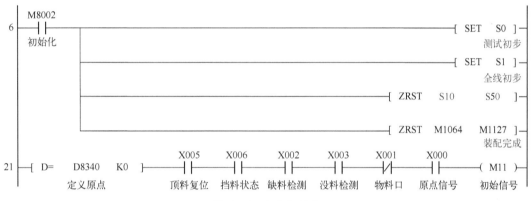

图 5-26　上电初始化

图 5-27　回归原点

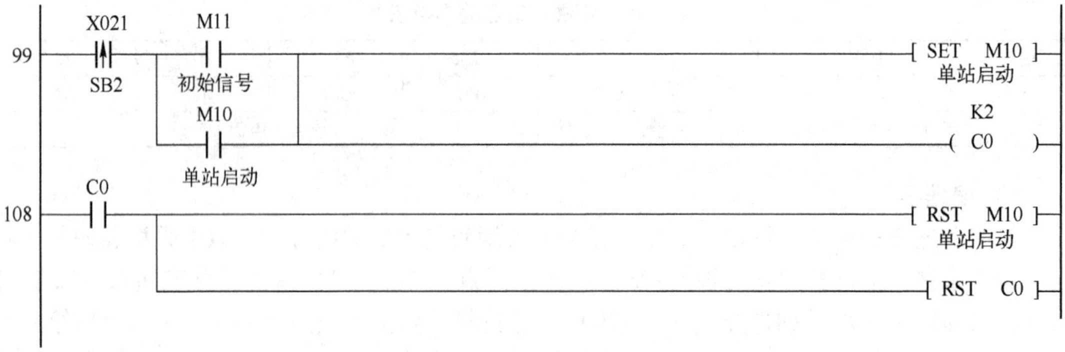

图 5-28 初始状态时按 SB2 按钮启动，启动后按 SB2 按钮停止

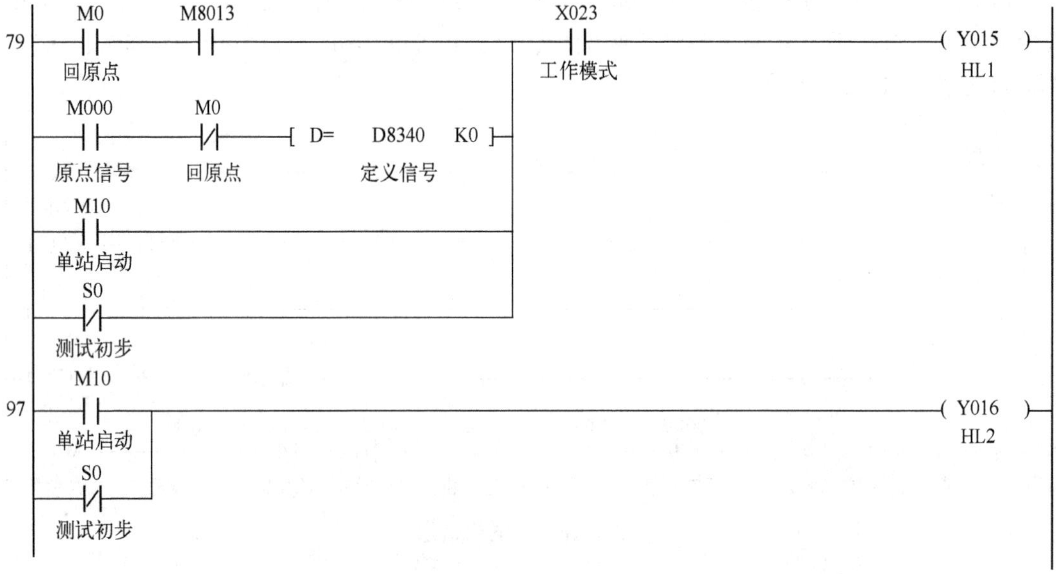

图 5-29 运行指示灯显示

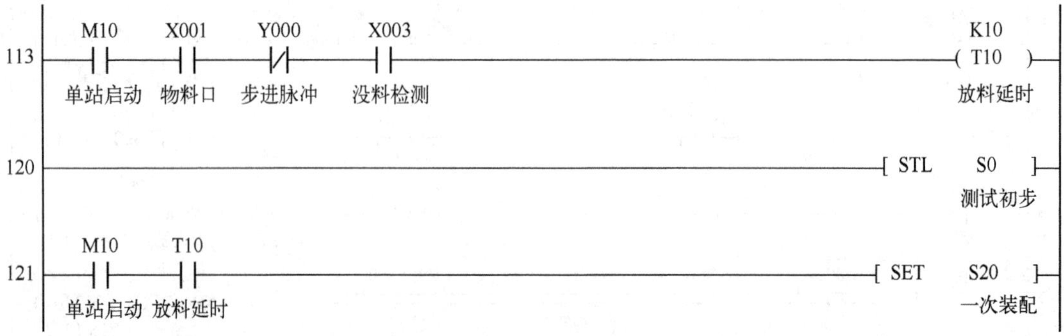

图 5-30 启动后第一次放料

```
125 ─────────────────────────────────────────────────[ STL    S20 ]
                                                              一次装配
        M20
126 ────┤/├──┬─────────────────────────────[ DRVI  K5000  K1500  Y000   Y002 ]
      转180度 │                                            步进脉冲  步进方向
             │   M8029
             ├───┤├────────────────────────────────[ SET    M3 ]
             │                                                 落料
             └───────────────────────────────────────[ SET    M20 ]
                                                              转180度
        M20    M3    T10
139 ────┤├────┤/├───┤├──────────────────────────────[ SET    S21 ]
      转180°  落料  放料延时                                    二次装配
```

图 5-31 正转 180°并落料，开始第 2 个工件的放料

```
144 ─────────────────────────────────────────────────[ STL    S21 ]
                                                              二次装配
        M21
145 ────┤/├──┬─────────────────────────────[ DRVI  K5000  K1500  Y000   Y002 ]
      转180° │                                            步进脉冲  步进方向
             │   M8029
             ├───┤├────────────────────────────────[ SET    M3 ]
             │                                                 落料
             └───────────────────────────────────────[ SET    M21 ]
                                                              转180°
        M21    X001
158 ────┤├────┤↑├───────────────────────────────────[ SET    M22 ]
      转180°  物料口                                          拿走物料
        M22    M3    T10
162 ────┤├────┤/├───┤├──────────────────────────────[ SET    S22 ]
      拿走物料 落料  放料延时
```

图 5-32 正转 180°并落料，拿走第一个装配体，重新放料

```
        M22    M3    T10
162 ────┤├────┤/├───┤├──────────────────────────────[ SET    S22 ]
      拿走物料 落料  放料延时
167 ─────────────────────────────────────────────────[ STL    S22 ]

        M23
168 ────┤/├──┬─────────────────────────────[ DRVI  K5000  K1500  Y000   Y002 ]
             │                                            步进脉冲  步进方向
             │   M8029
             ├───┤├────────────────────────────────[ SET    M3 ]
             │                                                 落料
             └───────────────────────────────────────[ SET    M23 ]

        M23
181 ────┤├──────────────────────────────────────────[ SET    S23 ]
                                                              结束放料
```

图 5-33 正转 180°并落料，结束放料

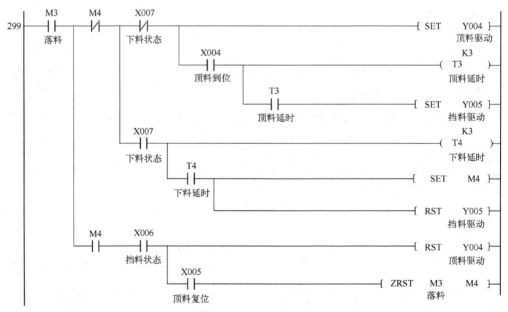

图 5-34 当物料口没有工件时，正转 180°，取出装配体，回测试初步

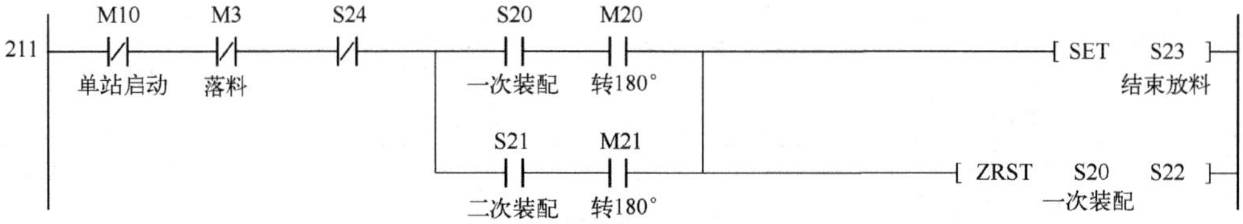

图 5-35 测试运行中按下 SB2，完成当前工件装配后，跳到停止进料步

图 5-36 一次落料驱动

5.6.2 装配单元 Ⅱ 的全线运行

1. 任务描述

1）装配站重新上电后，按下按钮/指示灯模块的复位按钮 SB1，执行复位操作，使转盘回到原点位置。

112

2）将装配按钮/指示灯模块的 SA（工作模式）开关扳到全线模式（断开位置）。

3）系统启动后，当装配台 1 检测到有工件，并接收到输送站发送的装配请求时，转盘正向旋转 180°，转至供料机构下方停止。

4）装配站供料机构执行供料动作，将芯体装配至工件中。

5）当供料完成时，转盘反向旋转 180°，装配台 1 工件返回至进料口位置，向输送站发送装配完成信号，等待机械手抓取。

6）接收到系统停止命令后，装配站完成当前工件装配并将其送至进料口位置后停止。

2. 编程案例

按照上述任务要求，可以采取相对指令或者绝对指令的编程方式。以下采取绝对指令编程。首先上电复位，复位后将 SA 开关扳到全线模式（断开位置），设置与主站的通信信息，如图 5-37 所示。其二，全线启动方式进料完成时转盘正转 180°，开始装配，如图 5-38 所示。最后装配完成后转盘反转 180°，向系统发出装配完成信号，如图 5-39 所示。

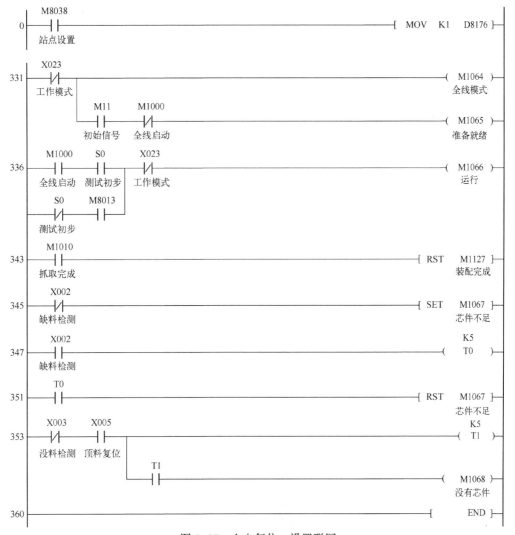

图 5-37 上电复位，设置联网

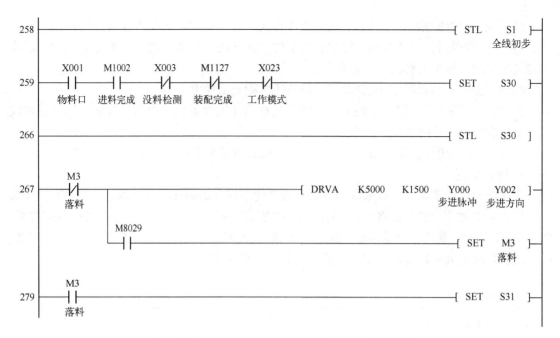

图 5-38 全线启动进料完成时正转 180°，开始装配

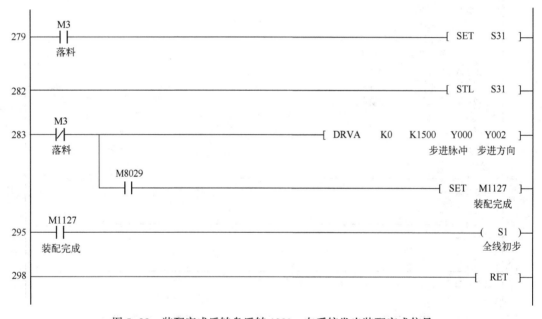

图 5-39 装配完成后转盘反转 180°，向系统发出装配完成信号

5.7 输送单元 PLC 控制程序的编写

从前面所述的对传送工件功能测试的任务可以看出，整个功能测试过程应包括通电后复位、传送功能测试、紧急停止处理和状态指示等部分，传送功能测试是一个步进顺序控制过程。在子程序中可采用步进指令驱动实现。

114

紧急停止处理过程：急停按钮动作，输送单元立即停止工作，系统立刻停止运行，在急停复位后，应从急停前的断点开始继续运行。为了实现上面的功能，需要主控指令（MC，MCR）配合。

输送单元程序控制的关键是伺服电动机的定位控制，本程序采用 FX_{1N} 绝对位置控制指令来定位，因此需要知道各工位的绝对位置脉冲数。

表 5-11 列出了伺服电动机运行中各工位的绝对位置。

表 5-11　伺服电动机运行中各工位的位置

序　号	站　点	脉　冲　量	移 动 方 向
0	低速回零（ZRN）		
1	ZRN（零位）→供料站（第 1 个站）	3 667	
2	供料站→加工站（第 2 个站）	46 000	DIR
3	供料站→装配站（第 3 个站）	81 200	DIR
4	供料站→分拣站（第 4 个站）	105 300	DIR

综上所述，主程序应包括通电初始化、复位过程（子程序）及准备就绪后投入运行等阶段。主程序清单如图 5-40~图 5-45 所示。

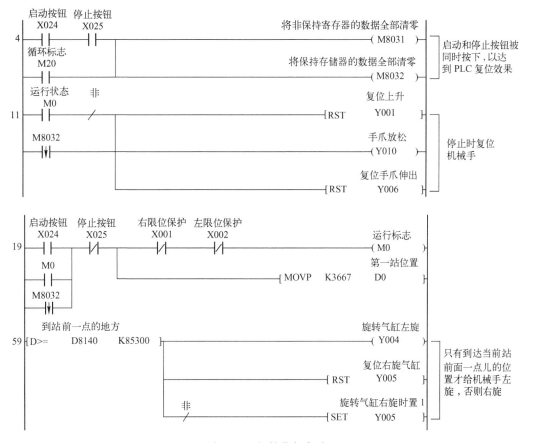

图 5-40　初始化与启动

115

程序初始化与启动。程序停止之后会自动复位机械手：下降，缩回，放松。用 M8031 和 M8032 来复位寄存器数值、再用它们的下降沿驱动程序的启动，或按启动按钮启动。启动后把第一个站的位置存放在 D0 里面。可以将旋转气缸左旋独立出来，到位置时为左旋，不到位置时为右旋，如图 5-40 所示。

当系统进入运行状态后，在每一扫描周期都调用急停处理子程序。急停动作时，将主控位 M200 置 1，主控指令停止执行，伺服电动机停止，在转到机械手保存原态、急停复位后，重复之前的动作。其程序如图 5-41 所示。

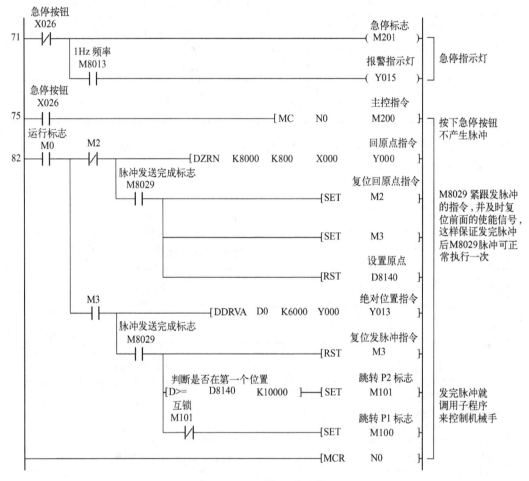

图 5-41 回原位和绝对位置

编写程序时，要弄清楚程序的动作流程。在第一个站的时候机械手动作顺序是：伸出→夹紧（保持）→上升（保持）→缩回。到第二个站时是：伸出→下降→分开→缩回，再去取工件的时候其动作顺序与第一站是一样的，因此在这里要编写两个子程序，采用程序调用的方法来实现抓取和放下工件的动作控制，使得程序编写简化。调用子程序的程序段如图 5-42 所示。

取工件子程序如图 5-43 所示，在机械手完成抓取的动作时，将下一个位置的脉冲数传到 D0 中，再重新驱动 DRVA 指令动作。

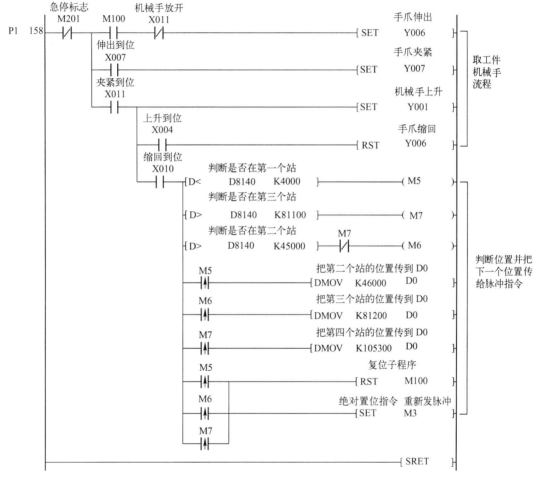

图 5-42　调用子程序

图 5-43　取工件子程序

　　放下工件子程序如图 5-44 所示。前三个站都是放下工件后又要抓取工件,所以在执行完 P2 子程序后重新调用 P1 子程序。

　　循环子程序如图 5-45 所示,循环时先要对之前使用过的 D 和 M 复位,设置循环标志。

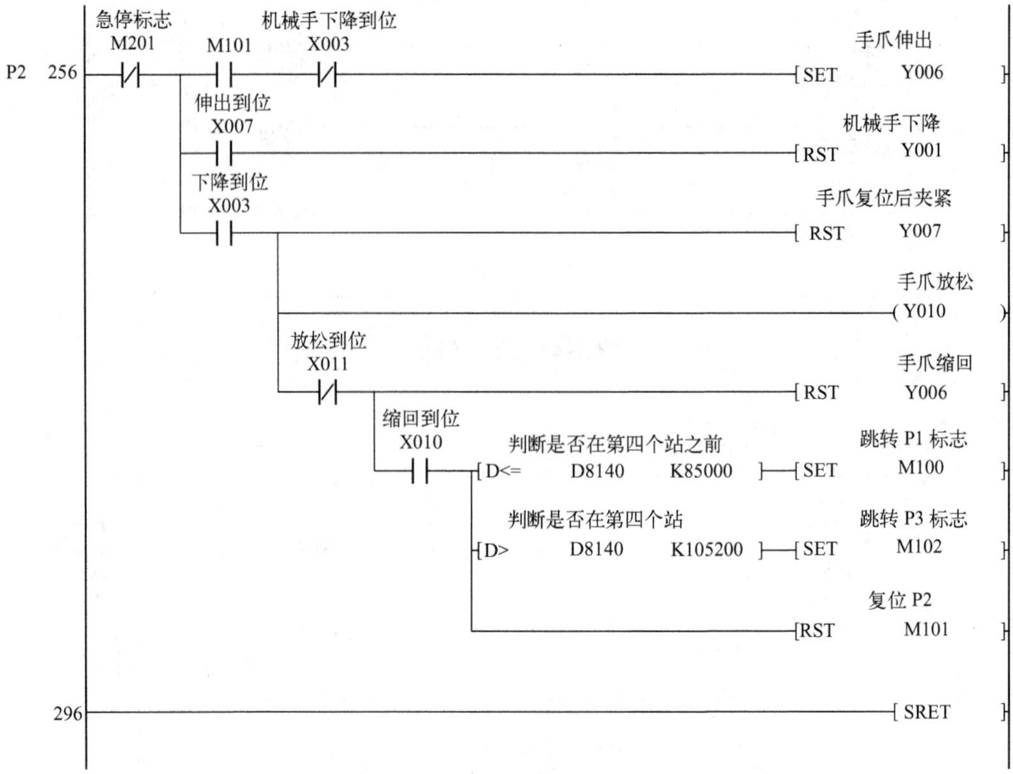

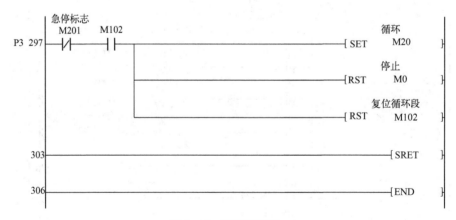

图 5-44 放工件子程序

图 5-45 循环子程序

118

项目6 人机界面组态应用

6.1 认知 TPC7062KS 人机界面

YL-335B 采用了昆仑通态研发的人机界面 TPC7062KS。这是一款在实时多任务嵌入式操作系统 Windows CE 环境中运行的 MCGS 嵌入式组态软件。

该产品采用了 7 in 高亮度 TFT 液晶显示屏（分辨率 800×480 像素），以及四线电阻式触摸屏（分辨率 4096×4096 像素），色彩达 64K 彩色。

CPU 主板以 ARM 结构嵌入式低功耗 CPU 为核心，主频 400 MHz，具有 64 MB 存储空间。

6.1.1 TPC7062KS 人机界面的硬件连接

TPC7062KS 人机界面的电源进线和各种通信端口均在其背面，如图 6-1 所示。

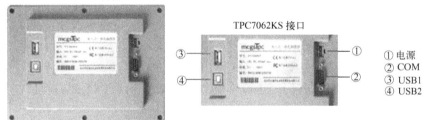

图 6-1 TPC7062KS 的接口

其中 USB1 口用来连接鼠标和 U 盘等，USB2 口用于工程项目下载，COM（RS-232）口用来连接 PLC。其下载线和通信线如图 6-2 所示。

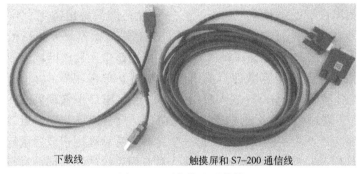

图 6-2 下载线和通信线

1. TPC7062KS 触摸屏与个人计算机的连接

在 YL-335B 上，TPC7062KS 触摸屏是通过 USB2 口与个人计算机连接的，连接前个人计算机应先安装 MCGS 组态软件。

如利用 MCGS 组态软件把资料下载到 HMI（人机接口）时，只需在"下载配置"对话框中，选择"连机运行"按钮，再单击"工程下载"按钮即可进行下载，如图 6-3 所示。如果要在计算机上模拟测试工程项目，则选择"模拟运行"按钮，然后下载工程。

图 6-3　工程下载方法

2. TPC7062KS 触摸屏与 S7-200 PLC 的连接

在 YL-335B 上，触摸屏通过 COM 口直接与输送站的 PLC（PORT1）的编程口连接。所使用的通信线采用西门子 PC-PPI 电缆，PC-PPI 电缆把 RS-232 转为 RS-485。PC-PPI 电缆 9 针母头插在触摸屏侧，9 针公头插在 PLC 侧。

3. TPC7062KS 触摸屏与三菱 PLC 的连接

在 YL-335B 上，触摸屏通过 COM 口直接与输送站的 PLC FX1 的编程口连接。所使用的通信线为三菱的下载线。

为了实现正常通信，除了正确进行硬件连接，还须对触摸屏的串行口进行 0 属性设置，这将在设备窗口组态中实现，设置方法将在后面的工作任务中详细说明。

6.1.2　触摸屏设备组态

为了通过触摸屏设备操作机器或系统，必须给触摸屏设备组态用户界面，该过程称为"组态阶段"。系统组态就是通过 PLC 以"变量"方式进行操作单元与机械设备或过程之间的通信。变量值写入 PLC 上的存储区域（地址），由操作单元从该区域读取。

运行 MCGS 嵌入版组态环境软件，在出现的界面上单击菜单中"文件"→"新建工程"，弹出图 6-4 所示界面。MCGS 嵌入版用"工作台"窗口来管理构成用户应用系统的 5 个部分。"工作台"窗口上的 5 个选项卡：主控窗口、设备窗口、用户窗口、实时数据库和运行策略，分别对应于 5 个不同的界面，每一个界面负责管理用户应用系统的一个部分，用鼠标单击不同的选项卡，可切换至不同的界面，对应用系统的相应部分进行组态操作。

1. 主控窗口

MCGS 嵌入版软件的主控窗口是组态工程的主窗口，是所有设备窗口和用户窗口的父窗口，它相当于一个大的容器，可以放置一个设备窗口和多个用户窗口，负责这些窗口的管

120

图 6-4　工作台界面窗口

理，并调度用户策略的运行。同时，主控窗口又可以组态工程结构的主框架，可在主控窗口内设置系统运行流程及特征参数，方便用户的操作。

2. 设备窗口

设备窗口可以搭建 MCGS 嵌入版系统与作为测控对象的外部设备建立联系的后台作业环境，负责驱动外部设备，控制外部设备的工作状态。系统通过设备与数据之间的通道，把外部设备的运行数据采集进来，送入实时数据库，供系统其他部分调用，并且把实时数据库中的数据输出到外部设备，实现对外部设备的操作与控制。

3. 用户窗口

用户窗口本身是一个"容器"，用来放置各种图形对象（图元、图符和动画构件），不同的图形对象对应不同的功能。通过对用户窗口内多个图形对象的组态，生成漂亮的图形界面，为实现动画显示效果做准备。

4. 实时数据库

在 MCGS 嵌入版软件中，用数据对象来描述系统中的实时数据，用对象变量代替传统意义上的值变量，把数据库技术管理的所有数据对象的集合称为实时数据库。

实时数据库是 MCGS 嵌入版软件系统的核心，是应用系统的数据处理中心。系统各个部分均以实时数据库为公用区交换数据，实现各个部分协调动作。

设备窗口通过设备构件驱动外部设备，将采集的数据送入实时数据库；由用户窗口组成的图形对象，与实时数据库中的数据对象建立连接关系，以动画形式实现数据的可视化；运行策略通过策略构件，对数据进行操作和处理。实时数据库数据流图如图 6-5 所示。

5. 运行策略

对于复杂的工程，监控系统必须设计成多分支、多层循环嵌套式结构，按照预定的条件，对系统的运行流程及设备的运行状态进行有针对性的选择和精确的控制。为此，MCGS

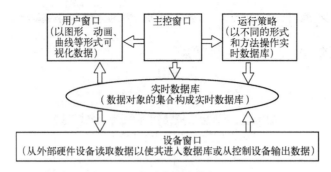

图 6-5　实时数据库数据流图

嵌入版软件引入运行策略的概念，用于解决上述问题。

　　所谓"运行策略"，是用户为实现对系统运行流程的控制所组态生成的一系列功能块的总称。MCGS 嵌入版软件为用户提供了进行策略组态的专用窗口和工具箱。运行策略的建立，使系统能够按照设定的顺序和条件，操作实时数据库，控制用户窗口的打开、关闭以及设备构件的工作状态，从而实现对系统工作过程精确控制及有序调度管理的目的。

6.2　触摸屏与 PLC 连接测试

　　运行"MCGS 嵌入版组态环境"软件，单击"新建工程"。在"新建工程设置"对话框中选择触摸屏型号，若在 TPC 类型中找不到"TPC7062KS"，则选择"TPC7062K"，如图 6-6 所示。

　　为了能够使触摸屏和 PLC 通信连接上，要把定义好的数据对象与 PLC 内部变量进行连接，具体操作步骤如下。

　　1) 在"设备窗口"中双击"设备窗口"选项卡进入。

　　2) 单击工具栏中的"工具箱"图标按钮，打开"设备工具箱"。

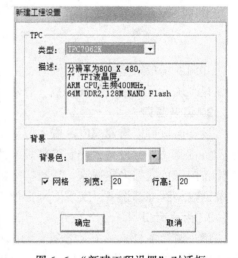

图 6-6　"新建工程设置"对话框

　　3) 在可选设备列表中，双击"通用串口父设备"，然后双击"三菱_FX 系列编程口"，出现"通用串口父设备"和"三菱_FX 系列编程口"，如图 6-7 所示。

图 6-7　设备窗口

　　4) 双击"通用串口父设备"，进入"通用串口设备属性设置"对话框，按三菱 FX 系列 PLC 编程口的通信要求，做如下设置：

　　① 串口端口号（1~255）设置为：0-COM1;

② 通信波特率设置为：6-9600；

③ 数据校验方式设置为：2-偶校验；

④ 其他设置为默认，如图6-8所示。

图6-8 通用串口设置

5）双击"三菱_FX系列编程口"，进入"设备编辑窗口"，如图6-9所示。将窗口左边下方"CPU类型"选择"2-FX2N CPU"。将右边窗口中"通道名称"默认为"X000～X007"，可以单击"删除全部通道"按钮对其进行删除。

图6-9 "设备编辑窗口"

6）设置好 CPU 类型后按图 6-9 中的"确认"按钮，选择菜单上的"工具"→"下载配置"，单击"连机运行"按钮，"连接方式"选"USB 通讯"，最后单击"通迅测试"按钮，如图 6-10 所示。

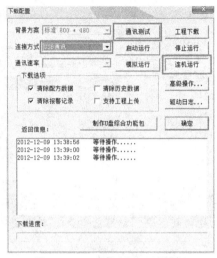

图 6-10 "下载配置"对话框

7）显示"通信测试正常"后，在组态中制作简单的 M 输入和 D 读取；先在一个用户窗口中添加指示灯、按钮和文本框，如图 6-11 所示。

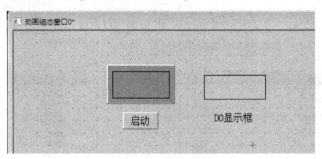

图 6-11 界面编辑

8）定义变量，按图 6-12 所示添加变量。

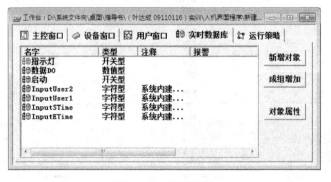

图 6-12 变量添加

9) 单元属性设置，即分别对指示灯、按钮和数据 D0 进行定义，如图 6-13 所示。

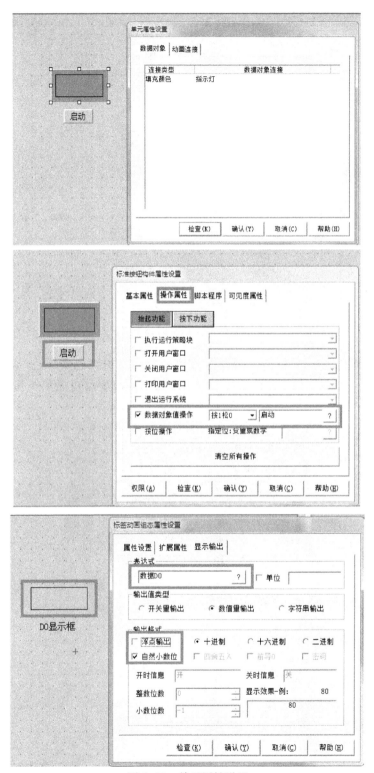

图 6-13　单元属性设置

10）将变量与 PLC 连接，如图 6-14 所示。

图 6-14　变量与 PLC 连接

11）PLC 的编程如图 6-15 所示。

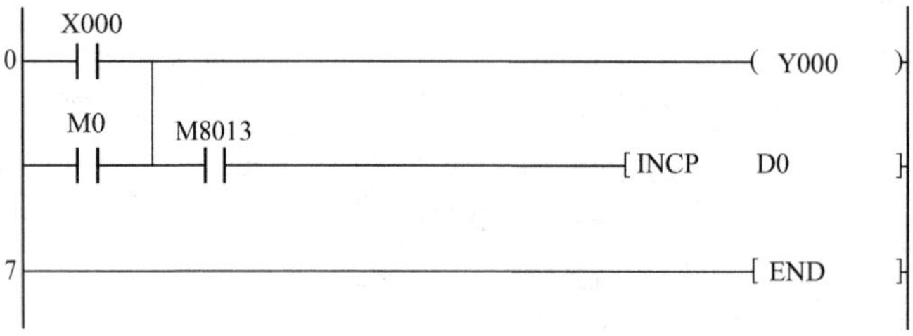

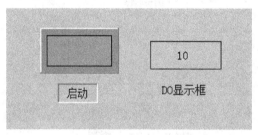

图 6-15　PLC 的编程

12）下载工程并运行→ 单击"启动"按钮→指示灯由红色变绿色，如图 6-16 所示，D0 显示框每经过 1 秒数值加 1 方式运行时，PLC 编程端口要通过通信线与触摸屏 COM1 端口连接。

图 6-16　MCGS 运行状态

6.3　应用触摸屏完成分拣站的组态连接

分拣站界面效果图如图 6-17 所示。
界面中包含了如下方面的内容。
- 状态指示：单机/全线、运行、停止；
- 切换旋钮：单机/全线切换；
- 按钮：启动按钮、停止按钮、清零累计按钮；
- 数据输入：变频器输入频率给定；
- 数据输出显示：白芯金属工件累计、白芯塑料工件累计、黑色芯体工件累计。
触摸屏组态界面各元件对应的 PLC 地址如表 6-1 所列。

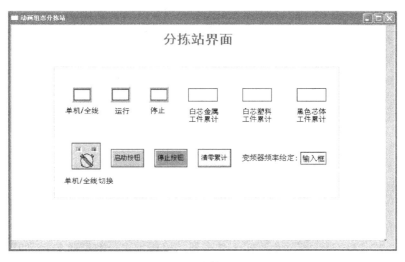

图 6-17 分拣站界面

表 6-1 触摸屏组态界面各元件对应的 PLC 地址

元件类别	名 称	输入地址	输出地址	备 注
位状态切换开关	单机/全线切换	M0001	M0001	
位状态开关	启动按钮	M0002	M0002	
	停止按钮	M0003	M0003	
	清零累计按钮	M0004	M0004	
位状态指示灯	单机/全线指示灯	M0001	M0001	
	运行指示灯		M0000	
	停止指示灯		M0000	
数值输入元件	变频器频率给定	D0000	D0000	最小值 0，最大值 50
数值输出元件	白芯金属工件累计	D0130		
	白芯塑料工件累计	D0131		
	黑色芯体工件累计	D0132		

人机界面的组态步骤和方法如下。

1. 创建工程

TPC 类型（软件的选型处）中如果找不到"TPC7062KS"，则选择"TPC7062K"。工程名称为"335B-分拣站"。

2. 定义数据对象

根据表 6-1 定义数据对象，所有数据对象的名称与类型见表 6-2。

表 6-2 触摸屏组态界面各数据对象的名称与类型

数据名称	数据类型	注 释
运行状态	开关型	
单机/全线切换	开关型	
启动按钮	开关型	

数 据 名 称	数 据 类 型	注　　释
停止按钮	开 关 型	
清零累计按钮	开 关 型	
变频器频率给定	数 值 型	
白芯金属工件累计	数 值 型	
白芯塑料工件累计	数 值 型	
黑色芯体工件累计	数 值 型	

下面以数据对象"运行状态"为例，介绍定义数据对象的步骤。

1）单击"工作台"窗口中的"实时数据库"标签，进入实时数据库窗口界面。单击"新增对象"按钮，在窗口的数据对象列表中，增加新的数据对象，系统默认定义的名称为"Data1""Data2""Data3"等（多次单击该按钮，可增加多个数据对象），如图 6-18 所示。

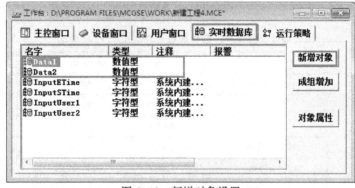

图 6-18　新增对象设置

2）选中对象，如"Data1"，双击进入"数据对象属性设置"对话框进行属性设置，如图 6-19 所示。根据自己的要求设定"对象定义"中的"小数位""最大值"和"最小值"，如图 6-20 所示。数据对象设置完成后的实时数据库窗口如图 6-21 所示。

图 6-19　数据对象属性设置——运行状态

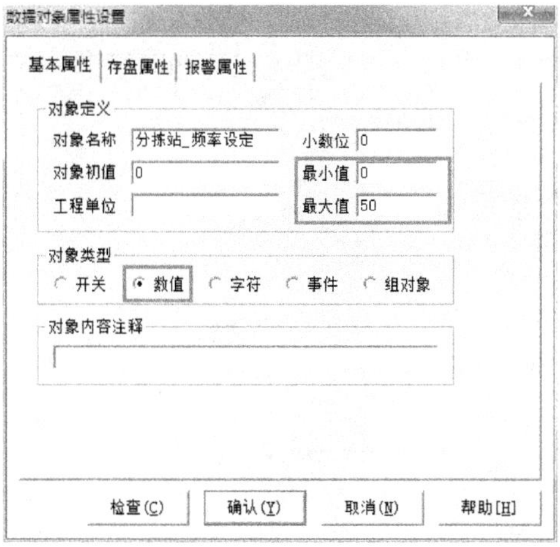

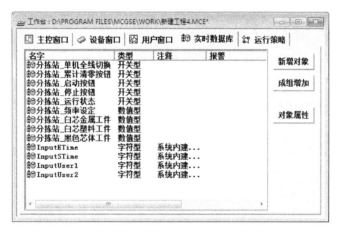

图 6-20 数据对象属性设置——频率设定

图 6-21 数据对象属性设置完成后的实时数据库窗口

3）全部设置好后就要进行与 PLC 的 I/O 对应的通道设置。打开"设备编辑窗口"，把默认的通道删掉，并添加对应的设备通道，如图 6-22 和图 6-23 所示。

图 6-22 设备编辑窗口

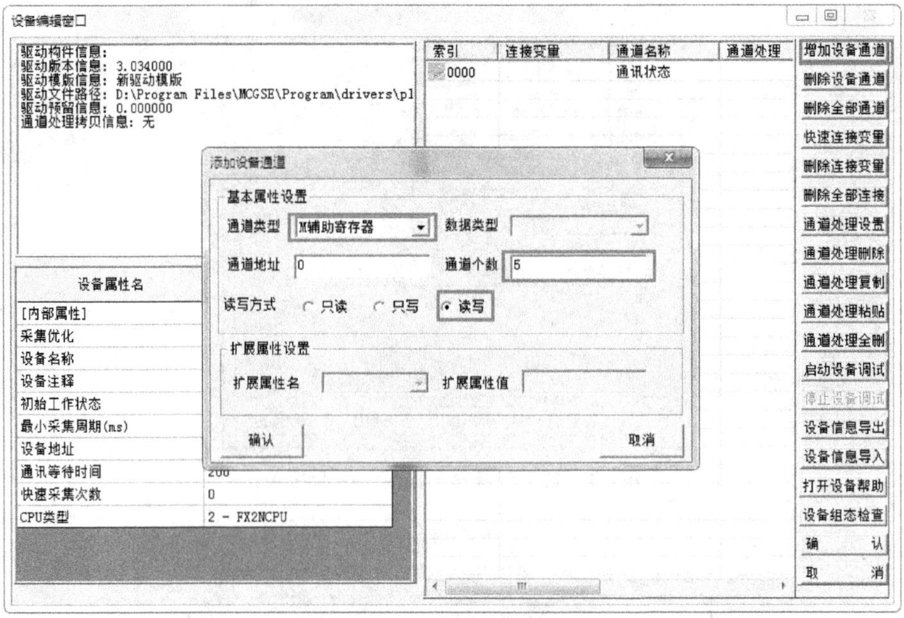

图 6-23　增加设备通道

4）完成对所有变量的定义，如图 6-24 所示。

图 6-24　完成对所有变量的定义

3. 画面和元件的制作

1）新建画面以及属性设置步骤如下。

① 在"用户窗口"中单击"新建窗口"按钮，建立"窗口 0"。选中"窗口 0"，单击"窗口属性"，进行用户窗口属性设置。

② 将窗口名称改为：分拣画面；窗口标题改为：分拣画面。

③ 单击"窗口背景"，在"其他颜色"中选择所需的颜色，如图 6-25 所示。

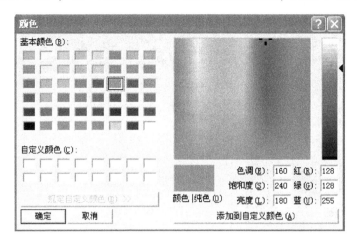

图 6-25　选择窗口背景颜色

2）制作文字框图。以标题文字的制作为例进行说明。

① 在"用户窗口"选择"分拣画面"，单击"动画组态"按钮。

② 单击工具栏中的"工具箱"图标按钮 ✕，打开绘图工具箱。

③ 选择工具箱内的"标签"图标按钮 **A**，这时鼠标的光标呈"十字"形，在窗口顶端中心位置拖动鼠标，根据需要拉出一个大小合适的矩形。

④ 在光标闪烁位置输入文字"分拣站界面"，按 Enter 键或在窗口任意位置单击一下，文字输入完毕。

⑤ 选中文字框，设置如图 6-26 所示。

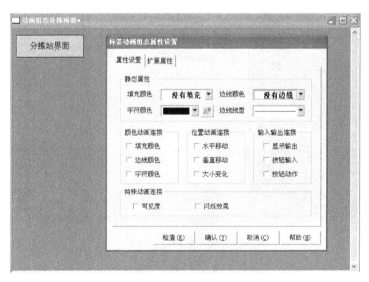

图 6-26　制作文字框

3）制作状态指示灯。以"单机/全线"指示灯为例说明。

① 单击绘图工具箱中的"插入元件"图标按钮 🖫，弹出"对象元件管理"对话框，选择

"指示灯 6"，单击"确认"按钮。双击指示灯，弹出"单元属性设置"对话框，如图 6-27 所示。

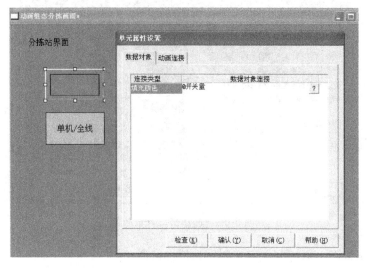

图 6-27 设置指示灯属性

② 在"数据对象"选项卡中，单击"填充颜色"右侧的"？"按钮，从"数据中心"选择"单机/全线切换"变量。

③ 在"动画连接"选项卡中，单击"填充颜色"，右侧出现，"⟩"按钮，如图 6-28 所示。

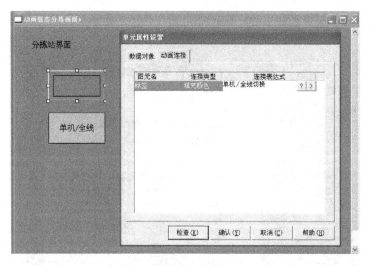

图 6-28 动画连接设置

④ 单击 ⟩ 按钮，出现图 6-29 所示的"标签动画组态属性设置"对话框。

⑤ 在"属性设置"选项卡中，选择填充颜色：白色。

⑥ 在"填充颜色"选项卡中，选择分段点 0 对应颜色：白色；选择分段点 1 对应颜色：浅绿色，如图 6-30 所示，单击"确认"按钮完成设置。

图 6-29 "标签动画组态属性设置"对话框

图 6-30 填充分段点对应颜色

4) 制作切换旋钮。

单击绘图工具箱中的"插入元件"图标按钮 🎨，弹出"对象元件库管理"对话框，选择"开关6"，单击"确认"按钮。双击旋钮，弹出图 6-31 所示的"单元属性设置"对话框。将"数据对象"选项卡下的"按钮输入"和"可见度"的"数据对象连接"设置为"单机/全线切换"。

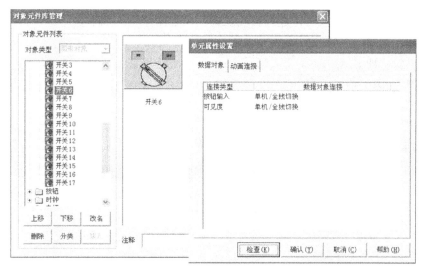

图 6-31 设置切换旋钮

5) 制作按钮。以启动按钮为例进行说明。

① 单击绘图工具箱中 ▄ 图标按钮，在窗口中拖出一个大小合适的按钮，双击该按钮，出现"标准按钮构件属性设置"对话框，其属性设置如图 6-32 所示。

② 在"基本属性"选项卡中，无论是选择"抬起"还是"按下"状态，文本都设置为"启动按钮"；"抬起"功能属性设置：字体设置为宋体，字体大小设置为五号，背景颜色设置为浅绿色；"按下"功能属性设置：字体大小设置为小五号，其他同"抬起功能"。

图 6-32　设置启动按钮

③ 在"操作属性"选项卡中，"抬起"功能设置：将数据对象操作清零，启动按钮；"按下"功能设置：将数据对象操作置 1，启动按钮。

④ 其他为默认设置。单击"确认"按钮完成设置。

6）数值输入框。

① 单击工具箱中的 abl 图标按钮，拖动鼠标，绘制 1 个输入框。

② 双击已绘制好的输入框，进行属性设置。设置操作属性如下：

■ 对应数据对象的名称：最高频率设置；

■ 使用单位：Hz；

■ 最小值：40；

■ 最大值：50；

■ 小数位数：0。

其设置结果如图 6-33 所示。

图 6-33　设置输入框的操作属性

7）数据显示，以白芯金属工件累计数据显示为例。

① 单击工具箱中的 A 图标按钮，拖动鼠标，绘制1个显示框。

② 双击显示框，出现"标签动画组态属性设置"对话框，在"输入/输出连接"域中，选中"显示输出"选项，在"标签动画组态属性设置"对话框中则会出现"显示输出"选项卡，如图6-34所示。

图6-34 设置显示输出

③ 单击"显示输出"选项卡，设置显示输出属性，其参数设置如下。

■ 表达式：白芯金属工件累计；

■ 单位：个；

■ 输出值类型：数值量输出；

■ 输出格式：十进制；

■ 整数位数：0；

■ 小数位数：0。

④ 单击"确认"按钮，制作完毕。

8）制作矩形框。

单击工具箱中的 □ 图标按钮，制做图6-17所示分拣站界面上的白色矩形线框。在窗口的左上方分别拖出多个大小合适的矩形，设置白线框参数如下：

① 单击工具栏上的 ▦（填充色）图标按钮，设置矩形框的背景颜色为：没有填充；

② 单击工具栏上的 ▦（线色）图标按钮，设置矩形框的边线颜色为：白色；

③ 然后双击矩形，出现图6-35所示的"动画组态属性设置"对话框，默认属性设置如图6-35所示，单击"确认"按钮完成。

注：运行时，分拣站PLC编程端口要通过通信线与触摸屏COM1端口连接。

图6-35　设置窗口背景色

6.4　触摸屏在输入站总控 5 个工作单元的组态连接

1）定义数据对象，如图6-36所示。

名字	类型	注释	名字	类型	注释
InputETime	字符型	系统内建…	累计清零按钮	开关型	
InputSTime	字符型	系统内建…	输送站触摸屏急停按钮	开关型	
InputUser1	字符型	系统内建…	输送站触摸屏急停状态	开关型	状态指示灯
InputUser2	字符型	系统内建…	输送站触摸屏启动按钮	开关型	状态指示灯
白芯金属工件累计	数值型		输送站触摸屏启动状态	开关型	状态指示灯
白芯塑料工件累计	数值型		输送站触摸屏停止按钮	开关型	状态指示灯
分拣站变频器频率给定	数值型		输送站触摸屏停止状态	开关型	状态指示灯
分拣站单线全线切换	开关型		输送站单机全线按钮	开关型	
分拣站单线全线状态	开关型	状态指示灯	输送站单机全线状态	开关型	状态指示灯
分拣站启动按钮	开关型		输送站复位按钮	开关型	
分拣站停止按钮	开关型		输送站复位状态	开关型	状态指示灯
分拣站停止状态	开关型	状态指示灯	输送站急停按钮	开关型	
分拣站运行状态	开关型	状态指示灯	输送站急停状态	开关型	状态指示灯
分拣站正在分拣状态	开关型	状态指示灯	输送站启动按钮	开关型	
供料站单机全线切换	开关型		输送站启动状态	开关型	状态指示灯
供料站单机全线状态	开关型	状态指示灯	输送站手爪当前位置	数值型	
供料站供料信号	开关型	状态指示灯	装配站单机全线状态	开关型	状态指示灯
供料站料不足信号	开关型	状态指示灯	装配站零件不足状态	开关型	状态指示灯
供料站启动按钮	开关型		装配站没有零件状态	开关型	状态指示灯
供料站启动状态	开关型	状态指示灯	装配站启动按钮	开关型	
供料站缺料料信号	开关型	状态指示灯	装配站启动状态	开关型	状态指示灯
供料站停止按钮	开关型		装配站停止按钮	开关型	
供料站停止状态	开关型	状态指示灯	装配站停止状态	开关型	状态指示灯
黑色芯体工件累计	数值型		装配站正在装配状态	开关型	状态指示灯
加工站单机全线切换	开关型		装配站装配完成状态	开关型	状态指示灯
加工站单机全线状态	开关型	状态指示灯	装配站准备装配状态	开关型	状态指示灯
加工站急停按钮	开关型				
加工站急停状态	开关型	状态指示灯			
加工站加工完成状态	开关型	状态指示灯			
加工站进入加工状态	开关型	状态指示灯			
加工站启动按钮	开关型				
加工站启动状态	开关型	状态指示灯			
加工站停止按钮	开关型				
加工站停止状态	开关型	状态指示灯			
加工站正在加工状态	开关型	状态指示灯			
加工站准备加工状态	开关型	状态指示灯			

图6-36　定义数据对象

2）变量连接如图6-37所示。

索引	连接变量	通道名称
0000		通讯状态
0001		只写M0000
0002	分拣站启动按钮	只写M0060
0003	分拣站停止按钮	只写M0061
0004	分拣站单线…	只写M0062
0005	累计清零按钮	只写M0063
0006	输送站触摸…	只写M0064
0007	供料站启动按钮	只写M0065
0008	供料站停止按钮	只写M0066
0009	供料站单机…	只写M0067
0010	加工站启动按钮	只写M0068
0011	加工站停止按钮	只写M0069
0012	加工站急停按钮	只写M0070
0013	加工站单机…	只写M0071
0014	装配站启动按钮	只写M0072
0015	装配站停止按钮	只写M0073
0016	装配站单机…	只写M0074
0017	输送站启动按钮	只写M0075
0018	输送站复位按钮	只写M0076
0019	输送站急停按钮	只写M0077
0020	输送站单机…	读写M0078
0021	输送站触摸…	只读M0079
0022	输送站触摸…	只写M0080
0023	输送站急停状态	只读M0081
0024	输送站触摸…	只写M0083
0025	输送站触摸…	只写M0084
0026	输送站启动状态	只读M0087
0027	输送站复位状态	只读M0088

索引	连接变量	通道名称
0028	供料站供料信号	只读M1064
0029	供料站料不…	只读M1065
0030	供料站缺料…	只读M1066
0031	供料站启动状态	只读M1068
0032	供料站停止状态	只读M1069
0033	供料站单机…	只读M1070
0034	加工加工…	只读M1128
0035	加工站启动状态	只读M1129
0036	加工站停止状态	只读M1130
0037	加工站急停状态	只读M1131
0038	加工站单机…	只读M1132
0039	加工站准备…	只读M1133
0040	加工站进入…	只读M1134
0041	加工站正在…	只读M1135
0042	装配站装配…	只读M1192
0043	装配站启动状态	只读M1193
0044	装配站停止状态	只读M1194
0045	装配站单机…	只读M1195
0046	装配站准备…	只读M1196
0047	装配站正在…	只读M1197
0048	装配站零件…	只读M1198
0049	装配站没有…	只读M1199
0050	分拣站运行状态	只读M1256
0051	分拣站停止状态	只读M1257
0052	分拣站单线…	只读M1258
0053	分拣站正在…	只读M1259
0054	白芯金属工…	只读DDUB0041
0055	白芯塑料工…	只读DDUB0042
0056	黑色芯体工…	只读DDUB0043
0057	分拣站变频…	只写DDUB0100
0058	输送站手爪…	读写DWUB0101

图6-37 变量连接

3）YL-335B全线控制界面的用户窗口如图6-38~图6-43所示。

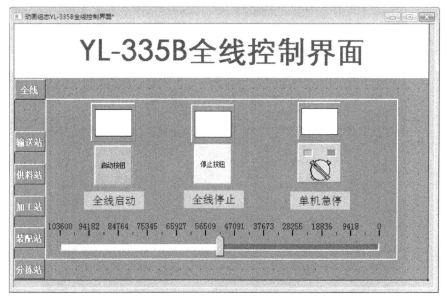

图6-38 YL-335B全线控制界面

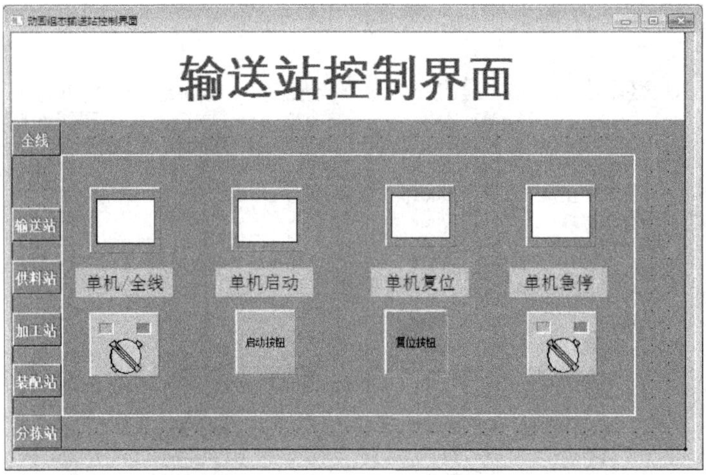

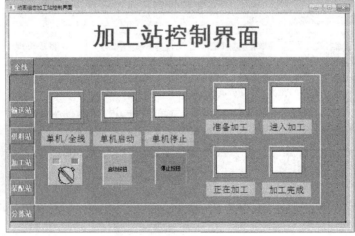

图 6-39 输送站控制界面

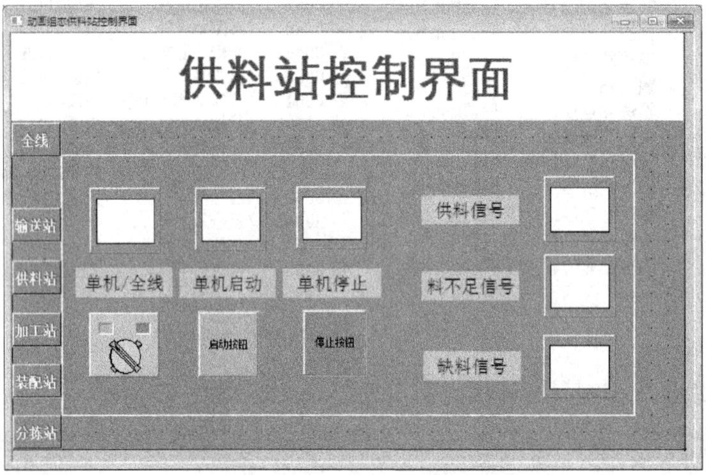

图 6-40 供料站控制界面

图 6-41 加工站控制界面

图 6-42　装配站控制界面

图 6-43　分拣站控制界面

4）触摸屏在输送站总控 5 个工作单元的组态连接需要在 5 个单元的 PLC 控制器连成 N:N 网络的运行方式下才能运行，如图 6-44 所示。运行时，输送站 PLC 编程端口要通过通信线与触摸屏 COM1 端口连接。PLC 通信的内容将在项目 7 中介绍。

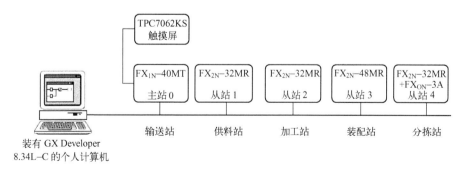

图 6-44　YL-335B 的通信网络

6.5 通过网络下载 TPC7062Ti 触摸屏

昆仑通态的 TPC7062Ti 触摸屏程序可以通过网络下载。下载步骤如下。

1）先通过网线把电脑和触摸屏连接起来。

2）操作设置电脑的 IP 地址。

3）在计算机桌面的网络图标中可打开网络设置界面，如图 6-45 所示。

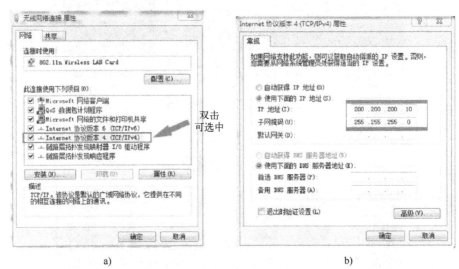

a)   b)

图 6-45　电脑网络设置

4）设置触摸屏下载界面，如图 6-46 所示。

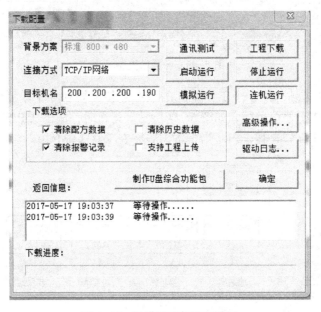

图 6-46　触摸屏下载界面设置

项目 7 PLC 联网通信

7.1 三菱 FX 系列 PLC N:N 通信网络的特性

FX 系列 PLC 支持以下 5 种类型的通信。

1）N:N 网络：用 FX_{2N}、FX_{2NC}、FX_{1N}、FX_{0N} 等 PLC 进行的数据传输可建立在 N:N 的基础上。使用这种网络，能连接小规模系统中的数据。它适合数量不超过 8 台 PLC（FX_{2N}、FX_{2NC}、FX_{1N}、FX_{0N}）之间的互连。

2）并行连接：这种网络采用 100 个辅助继电器和 10 个数据寄存器在 1:1 的基础上来完成数据传输。

3）计算机连接（用专用协议进行数据传输）：用 RS-485（422）单元进行的数据传输，在 1:N（16）的基础上完成。

4）无协议通信（用 RS 指令进行数据传输）：用各种 RS-232 单元，包括个人计算机、条形码阅读器和打印机，来进行数据通信，这种通信使用 RS 指令或者一个 FX_{2N}-232IF 特殊功能模块来完成。

5）可选编程端口：对于 FX_{2N}、FX_{2NC}、FX_{1N}、FX_{1S} 系列的 PLC，当该端口连接在 FX_{1N}-232BD、FX_{0N}-232ADP、FX_{1N}-232BD、FX_{2N}-422BD 上时，可以与外围设备（编程工具、数据访问单元、电气操作终端等）互连。

采用三菱 FX 系列 PLC 的 YL-335B 系统选用 N:N 网络实现各工作站的数据通信，本节只介绍 N:N 通信网络的基本特性和组网方法，其他有关通信类型可参阅 FX 通信用户手册。

N:N 网络建立在 RS-485 传输标准上，网络中必须有一台 PLC 作为主站，其他 PLC 为从站，网络中站点的总数不超过 8 个。图 7-1 所示是 YL-335B 的 N:N 网络配置。

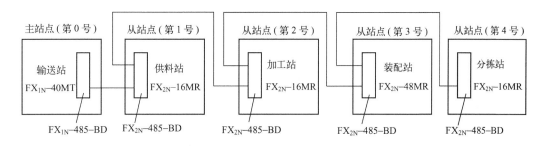

图 7-1 YL-335B 系统中 N:N 网络的配置

系统中使用的 RS-485 通信接口板为 FX_{2N}-485-BD 和 FX_{1N}-485-BD，最大延伸距离为 50 m，网络的站点数为 5 个。

N:N 网络的通信协议是固定的。通信方式采用半双工通信，波特率固定为 38 400 bit/s；数据长度、奇偶校验、停止位、标题字符、终结字符以及和校验等也均是固定的。

N:N 网络是采用广播方式进行通信的。对网络中每一站点都指定一个用特殊辅助继电器和特殊数据寄存器组成的链接存储区，各个站点对应的链接存储区地址编号都是相同的。各站点向对应的链接存储区中规定的数据发送区写入数据。网络上任何 1 台 PLC 中发送区的状态都会反映到网络中其他的 PLC 中，因此，数据可供通过 PLC 链接网络连接起来的所有 PLC 共享，且所有单元的数据都能同时完成更新。

7.2　安装和连接 N:N 通信网络

网络安装前，应断开电源。各站 PLC 应插上 485-BD 通信板。它的 LED 显示/端子排列如图 7-2 所示。

YL-335B 系统的 N:N 链接网络，各站点间用屏蔽双绞线相连，如图 7-3 所示，接线时须注意终端站要接上 110 Ω 的终端电阻（485-BD 通信板附件）。

进行网络连接时应注意以下几点。

1）图 7-3 中，R 为终端电阻。在端子 RDA 和 RDB 之间连接终端电阻（110 Ω）。

2）将端子 SG 连接到 PLC 主体的每个端子上，而主体用 100 Ω 或更小的电阻接地。

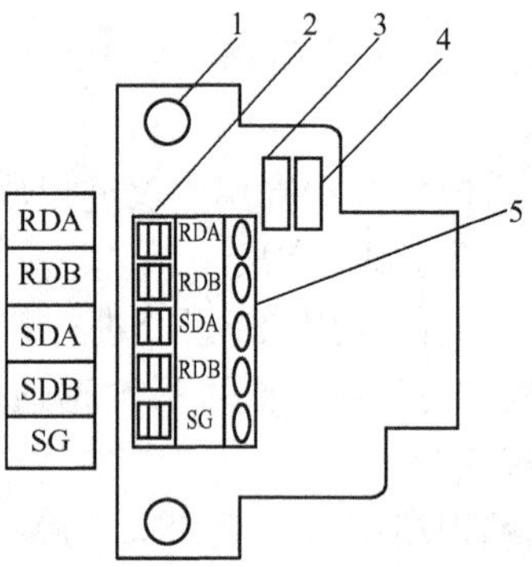

图 7-2　485-BD 通信板显示/端子排列

1—安装孔；2—PLC 连接器；3—SD LED：发送时高速闪烁；
4—RD LED：接收时高速闪烁；5—连接 RS-485 单元的端子
注：端子模块的上表面高于 PLC 面板盖子上表面大约 7 mm

3）屏蔽双绞线的线径应在美制 AWG26~16 范围内，否则端子可能接触不良，不能确保正常的通信。连线时宜用压接工具把电缆插入端子，如果连接不稳定，则通信会出现错误。

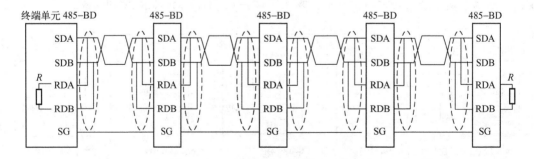

图 7-3　YL-335B PLC 链接网络的连接

如果网络上各站点 PLC 已完成网络参数的设置，则在完成网络连接后，再接通各 PLC 工作电源，可以看到，各站通信板上的 SD LED 和 RD LED 指示灯两者都出现点亮/熄灭交替的闪烁状态，说明 N:N 网络已经组建成功。

如果 RD LED 指示灯处于点亮/熄灭的闪烁状态，而 SD LED 没有（根本不亮），这时须检查站点编号的设置、传输速率（波特率）和从站的总数目。

7.3 组建 N∶N 通信网络

FX 系列 PLC N∶N 通信网络的组建主要是对各站点 PLC 用编程方式设置网络参数实现的。

FX 系列 PLC 规定了与 N∶N 网络相关的标志位（特殊辅助继电器）、存储网络参数和网络状态的特殊数据寄存器。当 PLC 为 FX_{1N} 或 FX_{2N}（C）时，N∶N 网络的相关标志（特殊辅助继电器）见表 7-1，相关特殊数据寄存器见表 7-2。

表 7-1　特殊辅助继电器名称及描述

特　性	辅助继电器	名　　称	描　　述	响 应 类 型
R	M8038	N∶N 网络参数设置	用来设置 N∶N 网络参数	M、L
R	M8183	主站点的通信错误	当主站点产生通信错误时为 ON	L
R	M8184～M8190	从站点的通信错误	当从站点产生通信错误时为 ON	M、L
R	M8191	数据通信	当与其他站点通信时为 ON	M、L

注：1. R 为只读；W 为只写；M 为主站点；L 为从站点。
　　2. 在 CPU 错误，程序错误或停止状态下，对每一站点处产生的通信错误数目不能计数。
　　3. M8184～M8190 是从站点的通信错误标志，第 1 从站用 M8184，……，第 7 从站用 M8190。

表 7-2　特殊数据寄存器名称及描述

特　性	数据寄存器	名　　称	描　　述	响 应 类 型
R	D8173	站点号	存储自己的站点号	M、L
R	D8174	从站点总数	存储从站点的总数	M、L
R	D8175	刷新范围	存储刷新范围	M、L
W	D8176	站点号设置	设置自己的站点号	M、L
W	D8177	从站点总数设置	设置从站点总数	M
W	D8178	刷新范围设置	设置刷新范围模式号	M
W/R	D8179	重试次数设置	设置重试次数	M
W/R	D8180	通信超时设置	设置通信超时	M
R	D8201	当前网络扫描时间	存储当前网络扫描时间	M、L
R	D8202	最大网络扫描时间	存储最大网络扫描时间	M、L
R	D8203	主站点通信错误数目	存储主站点通信错误数目	L
R	D8204～D8210	从站点通信错误数目	存储从站点通信错误数目	M、L
R	D8211	主站点通信错误代码	存储主站点通信错误代码	L
R	D8201～D8218	从站点通信错误代码	存储从站点通信错误代码	M、L

在表 7-1 中,特殊辅助继电器 M8038 (N:N 网络参数设置继电器,只读) 用来设置 N:N 网络参数。

对于主站点,用编程方法设置网络参数,就是在程序开始的第 0 步 (LD M8038),向特殊数据寄存器 D8176~D8180 写入相应的参数,仅此而已。对于从站点,则更为简单,只需在第 0 步 (LD M8038) 向 D8176 写入站点号即可。

例如,图 7-4 给出了设置输送站 (主站) 网络参数的程序。

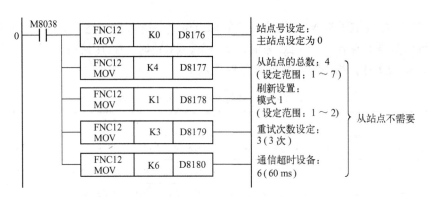

图 7-4 主站点网络参数设置程序

对上述程序说明如下。

1) 编程时注意,必须确保把以上程序作为 N:N 网络参数设定程序,从第 0 步开始写入,在不属于上述程序的任何指令或设备执行时结束。该程序段不需要执行,只要把其编入此位置时,它将自动变为有效。

2) 特殊数据寄存器 D8178 用于设置刷新范围,刷新范围指的是各站点的链接存储区。对于从站点,不需要此设定。根据网络中信息交换的数据量不同,可选择表 7-3 (模式 0),表 7-4 (模式 1) 和表 7-5 (模式 2) 列出的 3 种刷新模式。在每种模式下使用的元件被 N:N 网络所有站点所占用。

表 7-3 模式 0 站号与字元件对应表

站点号	元件	
	位软元件 (M)	字软元件 (D)
	0 点	4 点
第 0 号	—	D0~D3
第 1 号	—	D10~D13
第 2 号	—	D20~D23
第 3 号	—	D30~D33
第 4 号	—	D40~D43
第 5 号	—	D50~D53
第 6 号	—	D60~D63
第 7 号	—	D70~D73

表 7-4 模式 1 站号与位、字元件对应表

站点号	元件	
	位软元件 (M)	字软元件 (D)
	32 点	4 点
第 0 号	M1000~M1031	D0~D3
第 1 号	M1064~M1095	D10~D13
第 2 号	M1128~M1159	D20~D23
第 3 号	M1192~M1223	D30~D33
第 4 号	M1256~M1287	D40~D43
第 5 号	M1320~M1351	D50~D53
第 6 号	M1384~M1415	D60~D63
第 7 号	M1448~M1479	D70~D73

表 7-5　模式 2　站号与位、字元件对应表

站点号	元　　件	
	位软元件（M）	字软元件（D）
	64 点	4 点
第 0 号	M1000~M1063	D0~D3
第 1 号	M1064~M1127	D10~D13
第 2 号	M1128~M1191	D20~D23
第 3 号	M1192~M1255	D30~D33
第 4 号	M1256~M1319	D40~D43
第 5 号	M1320~M1383	D50~D53
第 6 号	M1384~M1447	D60~D63
第 7 号	M1448~M1511	D70~D73

在图 7-4 的程序里，刷新范围设定为模式 1。这时每一站点占用 32×8 个位软元件，4×8 个字软元件作为链接存储区。在运行中，对于第 0 号站（主站），希望发送到网络的开关量数据应写入位软元件 M1000~M1031 中，而希望发送到网络的数字量数据应写入字软元件 D0~D3 中……对其他各站点依此类推。

3）特殊数据寄存器 D8179 用于设定重试次数，设定范围为 0~10（默认为 3），对于从站点，不需要此设定。如果一个主站点试图以此重试次数（或更高）与从站通信，则此站点将发生通信错误。

4）特殊数据寄存器 D8180 用于设定通信超时值，设定范围为 5~255（默认为 5），此值乘以 10 ms 就是通信超时的持续驻留时间。

5）对于从站点，网络参数设置只需设定站点号即可，例如供料站（1 号站）的设置，如图 7-5 所示。

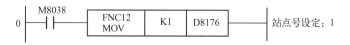

图 7-5　从站点网络参数设置程序

如果按上述对主站和各从站编程，则完成网络连接后，再接通各 PLC 工作电源，这样，即使在 STOP 状态下，通信仍在进行。

7.4　两个 PLC N:N 通信实例

1 台 FX$_{2N}$ 和 1 台 FX$_{1N}$ PLC 通过 N:N 网络交换数据。刷新范围设置为模式 1（可以访问每台 PLC 的 32 个位软元件和 4 个字软元件），重试次数为 3 次，超时时间为 60 ms。

如果使用 YL-335B 自动化生产线进行 2 个站联网测试，需要将其他 3 个站进行断电，且使用 FX$_{1N}$ PLC 为主站。

其控制要求如下。

1) 通过 M1000~M1003，用主站的 X0~X3 来控制从站 1 的 Y0~Y3。

2) 将从站 1 的 k10+k20 的运算结果存放到 D0 中，再通过从站 1 进行处理。

其程序如图 7-6 所示。

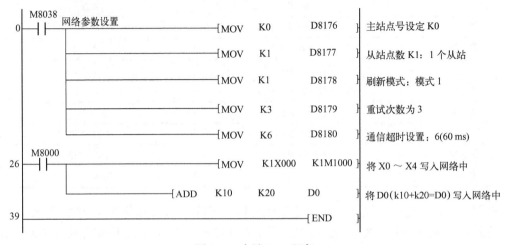

图 7-6 主站 PLC 程序

主站程序：将 X0~X4 对应主站写入网络中的 M1000~M1003，让从站 1 可以读到。从站 1 的 PLC 程序如图 7-7 所示。

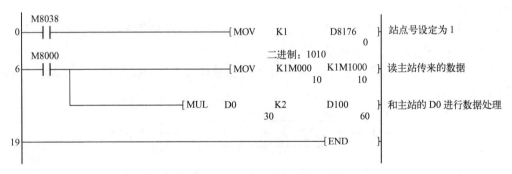

图 7-7 从站 1 的 PLC 程序（运行状态）

从站 1 程序：将读到的 K1M1000 转为二进制以控制对应的 K1Y1 输出，达到从主站的 X0~X3 控制从站 1 的 Y0~Y3 的目的。

D100 将主站的数据 D0 在从站 1 进行相乘。

7.5 YL-335B N:N 网络调试与运行练习

1. 任务要求

供料站、加工站、装配站、分拣站和输送站的 PLC（共 5 台）用 FX$_{2N}$-485-BD 通信板连接，以输送站作为主站，站号为 0，供料站、加工站、装配站和分拣站作为从站，站号分别为：供料站 1 号、加工站 2 号、装配站 3 号和分拣站 4 号。需完成如下功能：

1) 0 号站的 X1~X4 分别对应 1 号站~4 号站的 Y0（注：当网络工作正常时，按下 0 号站 X1，则 1 号站的 Y0 输出，依此类推）。

2) 1 号站~4 号站的 D200 的值等于 50 时，对应 0 号站的 Y1~Y4 输出。

3) 从 1 号站读取 4 号站的 D220 的值，将其保存到 1 号站的 D220 中。

2. 连接网络和编写、调试程序

连接好通信端口后，就要编写主站程序和从站程序。在编程软件中进行监控，改变相关输入点和数据寄存器的状态，观察不同站的相关量的变化，看是否符合任务要求，如果符合说明则完成任务，若不符合则检查硬件和软件是否正确，修改重新调试，直到满足要求为止。

图 7-8 和图 7-9 分别给出了输送站和供料站的参考程序。程序中使用了站点通信错误标志位（特殊辅助继电器 M8183~M8187，见表 7-1）。例如，当某从站发生通信故障时，不允许主站从该从站的网络元件读取数据。使用站点通信错误标志位编程，对于确保通信数据的可靠性是有益的，但应注意，站点不能识别自身的错误，因此为每一站点编写自身的错误程序是不必要的。

其余各工作站的程序，请读者自行编写。

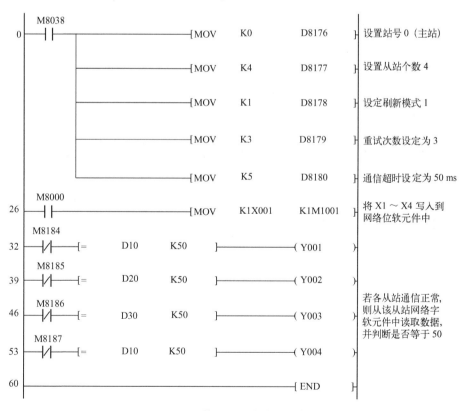

图 7-8　输送站网络读写程序

147

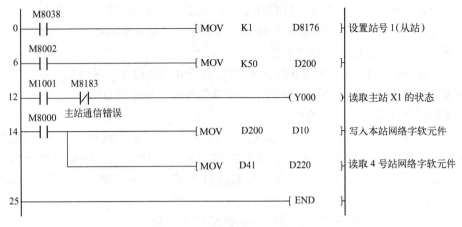

图 7-9 供料站网络读写程序

7.6 FX_{3U} PLC N∶N 网络配置

YL-335B 装置控制器升级为 FX_{3U} 以后，N∶N 网络配置的连接形式如图 7-10 所示。其模式选择与数据刷新的应用请参照三菱 FX_{3U} 的 PLC 编程手册。

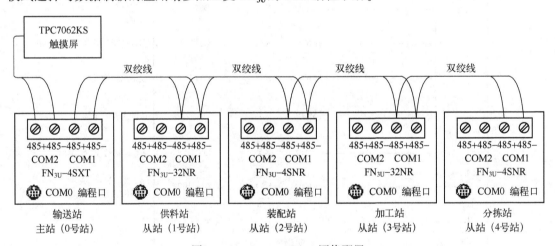

图 7-10 FX_{3U} PLC N∶N 网络配置

项目8　YL-335B的整体控制方案制定

8.1　系统整体控制实训的工作任务描述

YL-335B自动化生产线整体实训工作任务是一项综合性的工作，适合3位学生共同协作，在5 h内完成。

自动化生产线的工作目标是：将供料单元料仓内的工件送往加工单元的物料台，加工完成后，把加工好的工件送往装配单元的装配台，然后把装配单元料仓内的白色和黑色两种不同颜色的小圆柱形零件嵌入到装配台上的工件中，完成装配后的成品被送往分拣单元以分拣输出。已完成加工和装配工作的工件如图8-1所示。

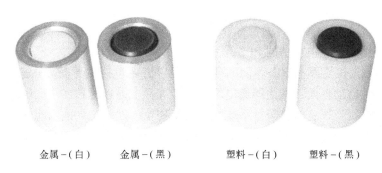

金属-（白）　　金属-（黑）　　　塑料-（白）　　塑料-（黑）

图8-1　已完成加工和装配工作的工件

需要完成的工作任务如下。

1. 自动化生产线设备部件安装

完成YL-335B自动化生产线的供料、加工、装配、分拣和输送单元的部分装配工作，并把这些工作单元安装在YL-335B的工作台面上。

YL-335B自动化生产线各工作单元装置的安装位置按照项目2中图2-41所示的要求布局。

对各工作单元装置部分的装配要求如下。

1）完成供料、加工和装配等工作单元的装配工作。

2）完成分拣单元装置侧的安装和调整，以及工作单元在工作台面上的定位。其装配的效果参照项目2的相关内容。

3）将输送单元的直线导轨和底板组件装配好，再将该组件安装在工作台上，并完成其余部件的装配，直至完成整个工作单元的装置侧的安装和调整。

2. 气路连接及调整

1）按照项目2所介绍的分拣和输送单元气动系统图完成气路连接。

2）接通气源后检查各工作单元气缸初始位置是否符合要求，如不符合须适当调整。

3）完成气路调整，确保各气缸运行顺畅和平稳。

3. 电路设计和电路连接

根据生产线的运行要求完成分拣和输送单元电路设计和电路连接。

1）设计分拣单元的电气控制电路，并根据所设计的电路图连接电路。电路图应包括PLC 的 I/O 端子分配和变频器的主电路及控制电路。电路连接完成后应根据运行要求设定变频器有关参数，并现场测试旋转编码器的脉冲当量（测试 3 次取平均值，保留 3 位小数），上述参数应记录在所提供的电路图上。

2）设计输送单元的电气控制电路，并根据所设计的电路图连接电路。电路图应包括PLC 的 I/O 端子分配、伺服电动机及其驱动器控制电路。电路连接完成后应根据运行要求设定伺服电动机驱动器有关参数，参数应记录在所提供的电路图上。

4. 各站 PLC 网络连接

系统的控制方式采用 N:N 网络的分布式网络控制，并指定输送单元作为系统主站。系统主令工作信号由触摸屏人机界面提供，但系统紧急停止信号由输送单元的按钮/指示灯模块的急停按钮提供。安装在工作桌面上的警示灯能显示整个系统的主要工作状态，例如复位、启动、停止和报警等。

5. 连接触摸屏并组态用户界面

触摸屏应连接到系统中主站的 PLC 编程端口。

在 TPC7062K 人机界面上组态画面的要求：用户窗口包括主界面和欢迎界面两个窗口，其中，欢迎界面是启动界面，触摸屏通电后运行，屏幕上方的标题文字向右循环滚动。

当触摸欢迎界面上任意部位时，系统都将切换到主界面。主界面组态应具有下列功能。

1）提供系统工作方式（单站/全线）选择信号和系统复位、启动和停止信号。

2）在人机界面上设定分拣单元变频器的运行频率（40~50 Hz）。

3）在人机界面上动态显示输送单元机械手装置当前位置（以原点位置为参考点，度量单位为 mm）。

4）指示网络的运行状态（正常、故障）。

5）指示各工作单元的运行、故障状态。其中故障状态包括：

① 供料单元的供料不足状态和缺料状态；

② 装配单元的供料不足状态和缺料状态；

③ 输送单元抓取机械手装置越程故障（左或右极限开关动作）。

6）指示全线运行时系统的紧急停止状态。

欢迎界面和主界面分别如图 8-2 和图 8-3 所示。

6. 程序编制及调试

系统的工作模式分为单站工作和全线运行两种模式。

从单站工作模式切换到全线运行模式的条件是：各工作站均处于停止状态，各站的按钮/指示灯模块上工作方式选择开关置于全线模式，此时若将人机界面中选择开关切换到全线运行模式，则系统进入全线运行状态。

要从全线运行模式切换到单站工作模式，仅限当前工作周期完成后且将人机界面中选择开关切换到单站运行模式时才有效。

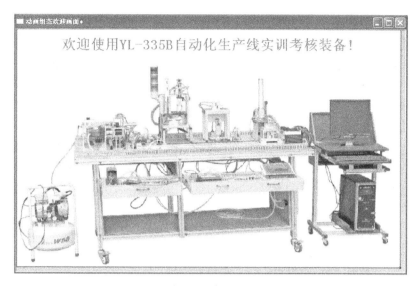

图 8-2　欢迎界面

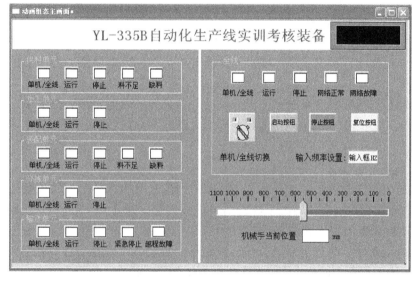

图 8-3　主窗口界面

在全线运行模式下，各工作站仅通过网络接收来自人机界面的主令信号，除主站急停按钮外，所有本站主令信号均无效。

（1）单站运行模式测试

单站运行模式下，各单元工作的主令信号和工作状态显示信号来自其 PLC 旁边的按钮/指示灯模块。并且按钮/指示灯模块上的工作方式选择开关 SA 应置于"单站方式"位置。各站的具体控制要求如下。

1）供料站单站运行。

① 设备通电和气源接通后，若工作单元的两个气缸满足初始位置要求，且料仓内有足够的待加工工件，则"正常工作"指示灯 HL1 常亮，表示设备准备好。否则，该指示灯以

1 Hz 的频率闪烁。

② 若设备准备好，则按下启动按钮，工作单元启动，"设备运行"指示灯 HL2 常亮。若物料台上没有工件，则应把工件推到物料台上。物料台上的工件被取出后，若没有停止信号，则进行下一次推出工件操作。

③ 若在运行中按下停止按钮，则在完成本工作周期任务后，各工作单元停止工作，指示灯 HL2 熄灭。

④ 若在运行中料仓内工件不足，则工作单元继续工作，但"正常工作"指示灯 HL1 以 1 Hz 的频率闪烁，"设备运行"指示灯 HL2 保持常亮。若料仓内没有工件，则指示灯 HL1 和指示灯 HL2 均以 2 Hz 的频率闪烁。工作单元在完成本周期任务后停止。除非向料仓补充足够的工件，工作单元才继续工作。

2) 加工站单站运行。

① 通电和气源接通后，若各气缸满足初始位置要求，则"正常工作"指示灯 HL1 常亮，表示设备准备好。否则，该指示灯以 1 Hz 的频率闪烁。

② 若设备准备好，则按下启动按钮，设备启动，"设备运行"指示灯 HL2 常亮。当待加工工件被送到加工台上并被检出后，设备执行是将工件夹紧后将其送往加工区域冲压，完成冲压动作后返回待料位置的工件加工工序。如果没有停止信号输入，当再有待加工工件送到加工台上时，加工单元又开始下一周期工作。

③ 在工作过程中，若按下停止按钮，则加工单元在完成本周期的动作后停止工作。指示灯 HL2 熄灭。

④ 当待加工工件被检出而加工过程开始后，如果按下急停按钮，则本单元所有机构应立即停止运行，指示灯 HL2 以 1 Hz 的频率闪烁。急停按钮复位后，设备从急停前的断点开始继续运行。

3) 装配站单站运行。

① 设备通电和气源接通后，若各气缸满足初始位置要求，料仓上已经有足够的小圆柱形零件；工件装配台上没有待装配工件，则"正常工作"指示灯 HL1 常亮，表示设备准备好。否则，该指示灯以 1 Hz 的频率闪烁。

② 若设备准备好，则按下启动按钮，装配单元启动，"设备运行"指示灯 HL2 常亮。如果回转台上的左料盘内没有小圆柱形零件，则执行下料操作；如果左料盘内有零件，而右料盘内没有零件，则执行回转台回转操作。

③ 如果回转台上的右料盘内有小圆柱形零件且装配台上有待装配工件，则执行装配机械手抓取小圆柱形零件并将其放入待装配工件中的工序。

④ 完成装配任务后，装配机械手应返回初始位置，等待下一次装配。

⑤ 若在运行过程中按下停止按钮，则供料机构应立即停止供料，在装配条件满足的情况下，装配单元在完成本次装配后停止工作。

⑥ 在运行中发生"零件不足"报警时，指示灯 HL3 以 1 Hz 的频率闪烁，HL1 和 HL2 灯常亮；在运行中发生"零件没有"报警时，指示灯 HL3 以亮 1 s、灭 0.5 s 的方式闪烁，HL2 熄灭，HL1 常亮。

4) 分拣站单站运行工作要求。

① 初始状态：设备通电和气源接通后，若工作单元的 3 个气缸满足初始位置要求，则"正常工作"指示灯 HL1 常亮，表示设备准备好。否则，该指示灯以 1 Hz 的频率闪烁。

② 若设备准备好，则按下启动按钮，系统启动，"设备运行"指示灯 HL2 常亮。当传送带入料口放下已装配的工件时，变频器立即启动，驱动传动电动机以频率为 30 Hz 的速度，把工件带往分拣区。

③ 如果金属工件上的小圆柱形工件为白色，则该工件对（如图 2-28a）到达 1 号滑槽中间，传送带停止，工件对被推到 1 号槽中；如果塑料工件上的小圆柱形工件为白色，则该工件对（如图 2-28c）到达 2 号滑槽中间，传送带停止，工件对被推到 2 号槽中；如果工件上的小圆柱形工件为黑色，则该工件对到达 3 号滑槽中间，传送带停止，工件对被推到 3 号槽中。工件被推出滑槽后，该工作单元的一个工作周期结束。仅当工件被推出滑槽后，才能再次向传送带下料。

如果在运行期间按下停止按钮，该工作单元在本工作周期结束后停止运行。

5）输送站单站运行。

单站运行的目标是测试设备传送工件的功能。要求其他各工作单元已经就位，并且在供料单元的物料台上放置了工件。具体测试过程要求如下。

① 输送单元在通电后，按下复位按钮 SB1，执行复位操作，使抓取机械手装置回到原点位置。在复位过程中，"正常工作"指示灯 HL1 以 1 Hz 的频率闪烁。

当抓取机械手装置回到原点位置，且输送单元各个气缸满足初始位置的要求，则复位完成，"正常工作"指示灯 HL1 常亮。按下启动按钮 SB2，设备启动，"设备运行"指示灯 HL2 也常亮，开始功能测试过程。

② 抓取机械手装置从供料站物料台抓取工件，抓取的顺序是：手臂伸出→手爪夹紧并抓取工件→提升台上升→手臂缩回。

③ 抓取动作完成后，伺服电动机驱动抓取机械手装置向加工站移动，移动速度不小于 300 mm/s。

④ 当抓取机械手装置被移动到加工站物料台的正前方后，即把工件放到加工站物料台上。抓取机械手装置在加工站放下工件的顺序是：手臂伸出→提升台下降→手爪松开并放下工件→手臂缩回。

⑤ 放下工件动作完成 2 s 后，抓取机械手装置执行抓取加工站工件的操作。抓取的顺序与供料站抓取工件的顺序相同。

⑥ 抓取动作完成后，伺服电动机驱动抓取机械手装置移动到装配站物料台的正前方。然后把工件放到装配站物料台上。其动作顺序与在加工站放下工件的顺序相同。

⑦ 放下工件动作完成 2 s 后，抓取机械手装置执行抓取装配站工件的操作。其抓取的顺序与在供料站抓取工件的顺序相同。

⑧ 机械手手臂缩回后，摆台逆时针旋转 90°，伺服电动机驱动抓取机械手装置从装配站向分拣站运送工件，到达分拣站传送带上方入料口后把工件放下，其动作顺序与在加工站放下工件的顺序相同。

⑨ 放下工件动作完成后，机械手手臂缩回，然后执行返回原点的操作。伺服电动机驱动抓取机械手装置以 400 mm/s 的速度返回，返回 900 mm 后，摆台顺时针旋转 90°，然后以 100 mm/s 的速度低速返回原点停止。

当抓取机械手装置返回原点后，一个测试周期结束。当供料单元的物料台上放置了工件时，再按一次启动按钮 SB2，开始新一轮的测试。

（2）系统正常的全线运行模式测试

全线运行模式下各工作站部件的工作顺序以及对输送站机械手装置运行速度的要求，与单站运行模式一致。全线运行步骤如下。

1）系统通电，N:N 网络正常后开始工作。触摸人机界面上的复位按钮，执行复位操作，在复位过程中，绿色警示灯以 2 Hz 的频率闪烁。红色和黄色灯均熄灭。

复位过程包括：使输送站机械手装置回到原点位置和检查各工作站是否处于初始状态。

各工作站初始状态是指：

① 各工作单元气动执行元件均处于初始位置；

② 供料单元料仓内有足够的待加工工件；

③ 装配单元料仓内有足够的小圆柱形零件；

④ 输送站的紧急停止按钮未按下。

当输送站机械手装置回到原点位置，且各工作站均处于初始状态时，复位完成，绿色警示灯常亮，表示允许启动系统。这时若触摸人机界面上的启动按钮，系统启动，绿色和黄色警示灯均常亮。

2）供料站的运行。

系统启动后，若供料站的物料台上没有工件，则应把工件推到物料台上，并向系统发出物料台上有工件信号。若供料站的料仓内没有工件或工件不足，则向系统发出报警或预警信号。物料台上的工件被输送站机械手取出后，若系统仍然需要推出工件进行加工，则进行下一次推出工件操作。

3）输送站运行 1。

当工件被推到供料站物料台后，输送站抓取机械手装置应执行抓取供料站工件的操作。动作完成后，伺服电动机驱动抓取机械手装置移动到加工站加工物料台的正前方，把工件放到加工站的加工台上。

4）加工站运行。

加工站加工台上的工件被检出后，执行加工过程。当加工好的工件重新被送回待料位置时，向系统发出冲压加工完成信号。

5）输送站运行 2。

系统接收到加工完成信号后，输送站机械手应执行抓取已加工工件的操作。抓取动作完成后，伺服电动机驱动抓取机械手装置移动到装配站物料台的正前方，然后把工件放到装配站物料台上。

6）装配站运行。

装配站物料台的传感器检测到工件到来后，开始执行装配过程。装配动作完成后，向系统发出装配完成信号。

如果装配站的料仓或料槽内没有小圆柱形工件或工件不足，则向系统发出报警或预警信号。

7）输送站运行 3。

系统接收到装配完成信号后，输送站机械手抓取已装配的工件，然后从装配站向分拣站运送工件，到达分拣站传送带上方入料口后把工件放下，然后执行返回原点的操作。

8）分拣站运行。

输送站机械手装置放下工件并缩回到位后，分拣站的变频器即启动，驱动传动电动机以最高运行频率（由人机界面指定）80%对应的速度，把工件带入分拣区进行分拣，工件分拣原则与单站运行相同。当分拣气缸活塞杆推出工件并返回后，向系统发出分拣完成信号。

9）仅当分拣站分拣工作完成，并且输送站机械手装置回到原点，系统的一个工作周期才算结束。如果在工作周期内没有触摸过停止按钮，则系统在延时1s后开始下一周期工作。如果在工作周期内曾经触摸过停止按钮，则系统工作结束，警示灯中黄色灯熄灭，绿色灯仍保持常亮。系统工作结束后若再次按下启动按钮，则系统又重新工作。

（3）异常工作状态测试

1）工件供给状态的信号警示。

如果发生来自供料站或装配站的"零件不足"的预报警信号或"零件没有"的报警信号，则系统动作如下。

① 如果发生"零件不足"的预报警信号，则警示灯中的红色灯以1Hz的频率闪烁，绿色和黄色灯保持常亮。系统继续工作。

② 如果发生"零件没有"的报警信号，则警示灯中红色灯以亮1s、灭0.5s的方式闪烁；黄色灯熄灭，绿色灯保持常亮。

若"零件没有"的报警信号来自供料站，且供料站物料台上已推出工件，则系统继续运行，直至完成该工作周期尚未完成的工作。当该工作周期工作结束时，系统将停止工作，除非"零件没有"的报警信号消失，否则系统不能再启动。

若"零件没有"的报警信号来自装配站，且装配站回转台上已落下小圆柱形工件，则系统继续运行，直至完成该工作周期尚未完成的工作。当该工作周期工作结束后，系统将停止工作，除非"零件没有"的报警信号消失，否则系统不能再启动。

2）急停与复位。

若系统工作过程中按下输送站的急停按钮，则输送站立即停车。在急停复位后，从急停前的断点开始继续运行。但若急停按钮按下时，机械手装置正在向某一目标点移动，则急停复位后输送站机械手装置应首先返回原点位置，然后再向原目标点运动。

8.2　工作任务的实现

8.2.1　设备的安装和调整

YL-335B各工作单元的机械安装、气路连接及调整、电气接线等的工作步骤和注意事项在前面已经讲述过，这里不再重复。

系统整体安装时，必须确定各工作单元的安装定位，为此首先要确定安装的基准点，即铝合金台面右侧边缘。图2-41指出了基准点到原点距离（X轴方向）为310mm，这一点应首先确定。然后根据：①原点位置与供料单元物料台中心沿X轴方向重合；②供料单元物料台中心至加工单元加工台中心距离为430mm；③加工单元加工台中心至装配单元装配台中心距离为 350 mm；④装配单元装配台中心至分拣单元进料口中心距离为 560 mm。即可确定各工作单元在 X 轴方向的位置。

由于工作台的安装特点，原点位置一旦确定后，输送单元的安装位置也已确定。

在空的工作台上进行系统安装的步骤如下。

1）完成输送单元装置侧的安装。包括直线运动组件、抓取机械手装置、拖链装置、电磁阀组件和装置侧电气接口等的安装；以及抓取机械手装置上各传感器引出线、连接到各气缸的气管沿拖链的敷设和绑扎；连接到装置侧电气接口的接线；单元气路的连接等。

2）供料、加工和装配等工作单元在完成其装置侧的装配后，在工作台上定位安装。它们沿 Y 方向的定位，以输送单元机械手在伸出状态时，能顺利在它们的物料台上抓取和放下工件为准。

3）分拣单元在完成其装置侧的装配后，在工作台上定位安装。沿 Y 轴方向的定位，应使传送带上进料口中心点与输送单元直线导轨中心线重合；沿 X 轴方向的定位，应确保输送站机械手运送工件到分拣站时，能准确地把工件放到进料口中心上。

需要指出的是，在安装工作完成后，必须进行必要的检查和局部试验的工作，以确保及时发现问题。在投入全线运行前，应清理工作台上残留线头、管线和工具等，养成良好的职业素养。

8.2.2 有关参数的设置和测试

按工作任务书规定，电气接线完成后，应进行变频器和伺服驱动器有关参数的设定，并现场测试旋转编码器的脉冲当量。上述工作已在前面详细介绍过了，这里不再重复。

8.2.3 人机界面组态

1. 工程分析和创建

根据工作任务，对工程进行分析并规划如下。

（1）工程框架

有两个用户窗口，即欢迎画面和主画面，其中欢迎画面是启动界面。1 个策略即循环策略。

（2）数据对象

各工作站以及全线的工作状态指示灯、单机/全线切换旋钮、启动按钮、停止按钮、复位按钮、变频器运行频率设定和机械手当前位置等。

（3）图形制作

1）欢迎画面窗口：①图片，通过位图装载实现；②文字，通过标签实现；③按钮，由对象元件库引入。

2）主画面窗口：①文字，通过标签实现；②各工作站以及全线的工作状态指示灯、时钟，由对象元件库引入；③单机/全线切换旋钮、启动按钮、停止按钮、复位按钮，由对象元件库引入；④运行频率设置，通过输入框实现；⑤机械手当前位置，通过标签和滑动输入器实现。

（4）流程控制

通过循环策略中的脚本程序策略块实现。

进行上述规划后，就可以创建工程，然后进行组态了。步骤是：在"用户窗口"中单击"新建窗口"按钮，建立"窗口0"和"窗口1"，然后分别设置两个窗口的属性。

2. 欢迎画面组态

（1）建立欢迎画面

选中"窗口0"，单击"窗口属性"按钮，进入用户窗口属性设置，包括：

① 窗口名称改为"欢迎画面"；

② 窗口标题改为"欢迎画面"；

③ 在"用户窗口"中，选中"欢迎画面"后右击，选择下拉菜单中的"设置为启动窗口"选项，将该窗口设置为运行时自动加载的窗口。

（2）编辑欢迎画面

选中"欢迎画面"画面图标，单击"动画组态"按钮，进入动画组态窗口，开始编辑界面。

1）装载位图。

选择工具箱内的"位图"图标按钮，鼠标的光标呈"十字"形，在窗口左上角位置拖动鼠标，拉出一个矩形，使其填充整个窗口。

在位图上右击，选择"装载位图"，找到要装载的位图，选择该位图，如图8-4所示，然后单击"打开"按钮，则图片被装载到了该窗口。

图8-4 装载位图

2）制作按钮。

单击绘图工具箱中图标按钮，在窗口中拖出一个大小合适的按钮，双击该按钮，出现图8-5a所示的"标准按钮构件属性设置"对话框。在"可见度属性"选项卡中选择"按钮不可见"；在图8-5b所示的"操作属性"选项卡中单击"按下功能"，然后选中"打开用户窗口"并选择"主画面"，并使"数据对象值操作"为"HMI就绪"的值"置1"。

3）制作循环移动的文字框图。

① 选择工具箱内的"标签"图标按钮$\mathbf{A}$，在窗口上方中心位置拖动，根据需要拉出一个大小适合的矩形。在光标闪烁位置输入文字"欢迎使用YL-335B自动化生产线实训考核装备！"，按Enter键或在窗口任意位置单击一下，完成文字输入。

② 静态属性设置如下。文字框的背景颜色：没有填充；文字框的边线颜色：没有边线；字符颜色：艳粉色；文字字体：华文细黑；字型：粗体；大小：二号。

③ 为了使文字循环移动，在"位置动画连接"中勾选"水平移动"，这时在对话框上端就增添"水平移动"选项卡。水平移动属性的设置如图8-6所示。

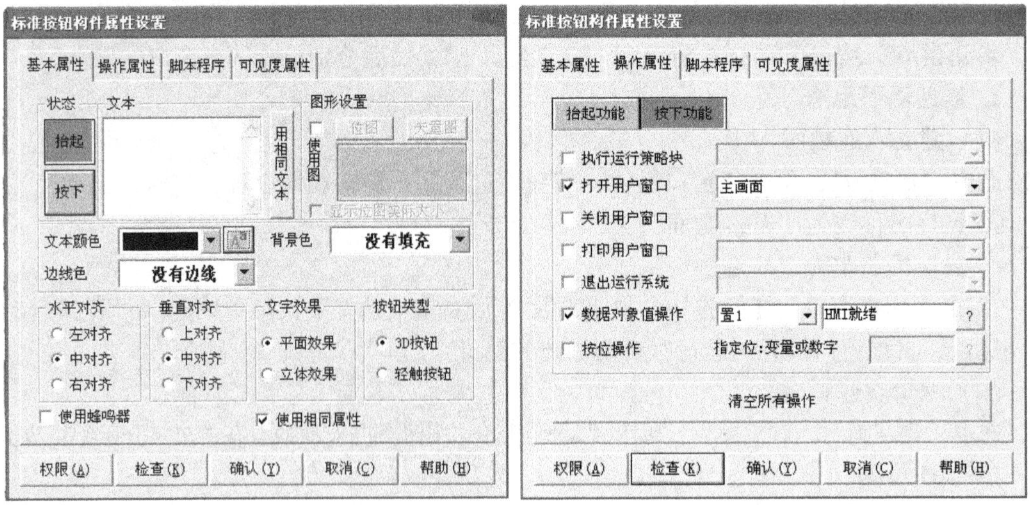

图 8-5　按钮构件属性设置

a)"基本属性"选项卡　b)"操作属性"选项卡

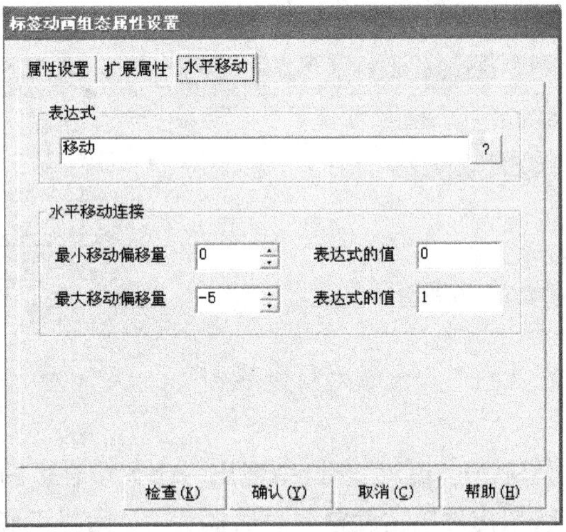

图 8-6　设置水平移动属性

设置说明如下：

为了实现"水平移动"动画连接，首先要确定对应连接对象的表达式，然后再定义表达式的值所对应的位置偏移量。为此，在实时数据库中定义一个内部数据对象（"移动"）作为表达式，它是一个与文字对象的位置偏移量成比例的增量值，当表达式"移动"的值为 0 时，文字对象的位置向右移动 0 点（即不动），当表达式"移动"的值为 1 时，对象的位置向左移动 5 点(-5)，这就是说"移动"变量与文字对象的位置之间关系是一个斜率为-5 的线性关系。

触摸屏图形对象所在的水平位置定义为：以左上角为坐标原点，单位为像素点，向左为负方向，向右为正方向。TPC7062KS 分辨率是 800×480 像素，文字串"欢迎使用 YL-335B自动化生产线实训考核装备！"向左全部移出的偏移量约为-700 像素，故表达式"移动"的值为+140。文字循环移动的策略是，如果文字串向左全部移出，则返回初始位置重新移动。

4）组态"循环策略"的具体操作如下。

① 在"运行策略"选项卡中，双击"循环策略"进入策略组态窗口。

② 双击工具栏中的图标按钮 进入"策略属性设置"，将循环时间设为100ms，单击"确认"按钮。

③ 在策略组态窗口中，单击工具栏中的"新增策略行"图标按钮 ，增加一条策略行，如图8-7所示。

图8-7　组态"循环策略"

④ 单击"策略工具箱"中的"脚本程序"，将鼠标指针移到策略块图标 上单击，即添加脚本程序构件，如图8-8所示。

图8-8　设置循环时间

⑤ 双击 可进入策略条件设置，表达式中输入1，即始终满足条件。

⑥ 双击 可进入脚本程序编辑环境，输入下面的程序：

```
if 移动<=140 then
    移动=移动+1
else
    移动=-140
endif
```

⑦ 单击"确认"按钮，脚本程序编写完毕。

3. 主画面组态

（1）建立主画面

1）选中"窗口1"，单击"窗口属性"按钮，进行用户窗口属性设置。

2）将窗口名称和窗口标题改为"主画面"；在"窗口背景"中，选择所需要的颜色。

（2）定义数据对象和连接设备

1）定义数据对象。

各工作站以及全线的工作状态指示灯、单机/全线切换旋钮、启动按钮、停止按钮、复位按钮、变频器运行频率设定、机械手当前位置等，都是需要与PLC连接，进行信息交换的数据对象。定义数据对象的步骤如下。

① 单击工作台中的"实时数据库"选项卡，进入实时数据库界面。

② 单击"新增对象"按钮，在窗口的数据对象列表中，增加新的数据对象。

③ 选中对象，单击"对象属性"按钮，或直接双击选中对象，则打开"数据对象属性设置"对话框。然后编辑其属性，最后加以确定。表 8-1 列出了主画面与 PLC 连接的全部数据对象。

表 8-1 主画面与 PLC 连接的数据对象列表

序号	对象名称	类型	序号	对象名称	类型
1	HMI 就绪	开关型	15	单机/全线_供料	开关型
2	越程故障_输送	开关型	16	运行_供料	开关型
3	运行_输送	开关型	17	料不足_供料	开关型
4	单机/全线_输送	开关型	18	缺料_供料	开关型
5	单机/全线_全线	开关型	19	单机/全线_加工	开关型
6	复位按钮_全线	开关型	20	运行_加工	开关型
7	停止按钮_全线	开关型	21	单机/全线_装配	开关型
8	启动按钮_全线	开关型	22	运行_装配	开关型
9	单机/全线切换_全线	开关型	23	料不足_装配	开关型
10	网络正常_全线	开关型	24	缺料_装配	开关型
11	网络故障_全线	开关型	25	单机/全线_分拣	开关型
12	运行_全线	开关型	26	运行_分拣	开关型
13	急停_输送	开关型	27	手爪当前位置_输送	数值型
14	变频器频率_分拣	数值型			

（2）设备连接

使定义好的数据对象和 PLC 内部变量进行连接，步骤如下：

1）打开"设备工具箱"，在设备属性值列表中，双击"通用串口父设备"，然后双击"西门子_S7200PPI"。出现"通用串口父设备"和"三菱_FX 系列编程口"。

2）设置通用串口设备的基本属性，如图 8-9 所示。

图 8-9 设置通用串口父设备基本属性

3）双击"三菱_FX系列编程口"，进入"设备编辑窗口"，按表8-1所列的数据，单击"增加设备通道"按钮来逐个对其增加设备通道，如图8-10所示。

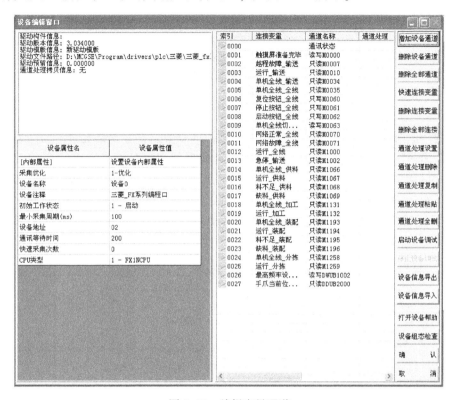

图8-10　编辑变量通道

（3）主画面制作和组态

按如下步骤制作和组态主画面。

1）首先制作主画面的标题文字、插入时钟；然后在工具箱中选择直线构件，把标题文字下方的区域划分为图8-11所示的两部分，区域左面用于制作各从站单元画面，右面用于制作主站输送单元画面。

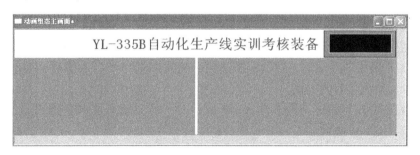

图8-11　主画面组态

2）制作各从站单元画面并组态。以供料单元组态为例，其画面如图8-12所示，图中还指出了各构件的名称。这些构件的制作和属性设置前面已有详细介绍，但对"料不足"和"缺料"两状态指示灯有报警时闪烁功能的要求，下面通过组态供料站缺料报警指示灯着重介绍这一属性的设置方法。

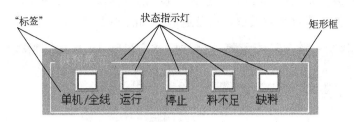

图 8-12   供料单元指示信号构件

与其他指示灯组态不同的是：缺料报警分段点 1 设置的颜色是红色，并且还需组态闪烁功能。步骤为：在"标签动画组态属性设置"对话框的"属性设置"选项卡的"特殊动画连接"选项区域中勾选"闪烁效果"，"填充颜色"旁边就会出现"闪烁效果"选项卡，如图 8-13a 所示。单击"闪烁效果"选项卡，"表达式"选择为"缺料_供料"；在"闪烁实现方式"选项区域中点选"用图元属性的变化实现闪烁"；"填充颜色"选择黄色，如图 8-13b 所示。

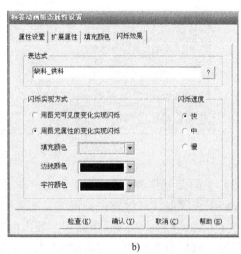

a)   b)

图 8-13   供料单元缺料报警指示灯动态闪烁属性设置
a）属性设置   b）闪烁效果设置

3）制作主站输送单元画面。这里只着重说明滑动输入器的组态方法，其步骤如下。

① 选中工具箱中的滑动输入器图标按钮 ⊶，当鼠标呈"十"字形后，拖动鼠标画出滑动块，调整滑动块到适当的位置。

② 双击滑动输入器构件，进入图 8-14 所示的"滑动输入器构件属性设置"对话框。按照下面的值设置各个参数。

- "基本属性"选项卡中，滑块指向：指向左（上）；
- "刻度与标注属性"选项卡中，主划线数目：11；次划线数目：2；小数位数：0；
- "操作属性"选项卡中，对应数据对象名称：手爪当前位置_输送；滑块在最左（下）
  边时对应的值：1100；滑块在最右（上）边时对应的值：0；
  其他为默认值。

图 8-14 滑动输入器构件属性设置

③ 单击图 8-14 中"权限"按钮,进入"用户权限设置"对话框,选择管理员组,按"确认"按钮完成制作。图 8-15 是制作完成的效果图。

图 8-15 滑动输入器构件效果图

8.2.4 编写和调试 PLC 控制程序

YL-335B 是一个分布式控制的自动化生产线,在设计它的整体控制程序时,应首先从它的系统性着手,通过组建网络,规划通信数据,使系统组织起来。然后根据各工作单元的工艺任务,分别编制各工作站的控制程序。

1. 规划通信数据

通过分析任务书的要求可以看到,网络中各站点需要交换的信息量并不大,可采用模式 1 的刷新方式。各站通信数据的位地址数据见表 8-2~表 8-6。这些数据分别由各站 PLC 程序写入,全部数据被 N:N 网络所有站点共享。

表 8-2 输送站(0 号站)数据位定义

输送站位地址	数据意义	备 注
M1000	全线运行	
M1001		
M1002	允许加工	
M1003	全线急停	

输送站位地址	数 据 意 义	备 注
M1004		
M1005		
M1006		
M1007	HMI 联机	
M1008		
M1009		
M1010		
M1011		
M1012	请求供料	
M1013		
M1014		
M1015	允许分拣	
D0	最高频率设置	

表 8-3　供料站（1号站）数据位定义

供料站位地址	数 据 意 义	备 注
M1064	初始态	
M1065	供料信号	
M1066	联机信号	
M1067	运行信号	
M1068	料不足报警	
M1069	缺料报警	

表 8-4　加工站（2号站）数据位定义

加工站位地址	数 据 意 义	备 注
M1128	初始态	
M1129	加工完成	
M1130		
M1131	联机信号	
M1132	运行信号	

表 8-5　装配站（3号站）数据位定义

供料站位地址	数 据 意 义	备 注
M1192	初始态	
M1193	联机信号	
M1194	运行信号	
M1195	零件不足	
M1196	没有零件	
M1197	装配完成	

表 8-6 分拣站（4 号站）数据位定义

供料站位地址	数据意义	备 注
M1256	初始态	
M1257	分拣完成	
M1258	分拣联机	
M1259	分拣运行	

用于通信的数值数据只有一个，即来自触摸屏的频率指令数据，它被传送到输送站后，由输送站发送到网络上，供分拣站使用。该数据被写入到字数据存储区的 D0 单元内。

2. 从站单元控制程序的编制

YL-335B 各工作站在单站运行时的编程思路，在前面各项目中均作了介绍。在联机运行情况下，由工作任务书规定的各从站工艺过程基本是固定的，原单站程序中工艺控制程序基本变动不大。在单站程序的基础上修改、编制联机运行程序，实现起来并不太困难。下面以供料站的联机编程为例说明其编程思路。

联机运行情况下的主要变动有两点：一是在运行条件上有所不同，主令信号来自系统通过网络传递的信号；二是各工作站之间通过网络不断交换信号，由此确定各站的程序流向和运行条件。

对于前者，首先须明确工作站当前的工作模式，以此确定当前有效的主令信号。工作任务书明确地规定了工作模式切换的条件，目的是避免误操作的发生，确保系统可靠运行。工作模式切换条件的逻辑判断在通电初始化（M8002 ON）后进行。图 8-16 是从站 1 初始化和工作方式确定的梯形图。

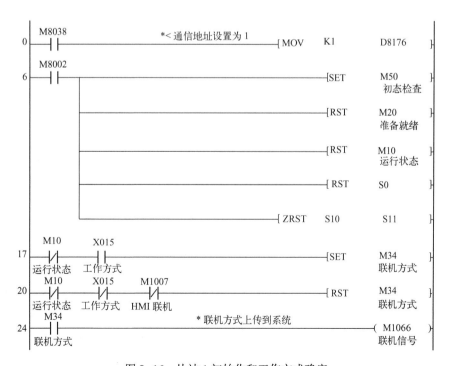

图 8-16 从站 1 初始化和工作方式确定

接下来的工作与前面单站时类似，即：①进行初始状态检查，判别工作站是否准备就绪。②若准备就绪，则收到全线运行信号或本站启动信号后投入运行状态。③在运行状态下，不断监视停止命令是否到来，一旦到来即置位停止指令，待工作站的工艺过程完成一个工作周期后，使工作站停止工作。从站1联机工作主程序的梯形图如图8-17所示。

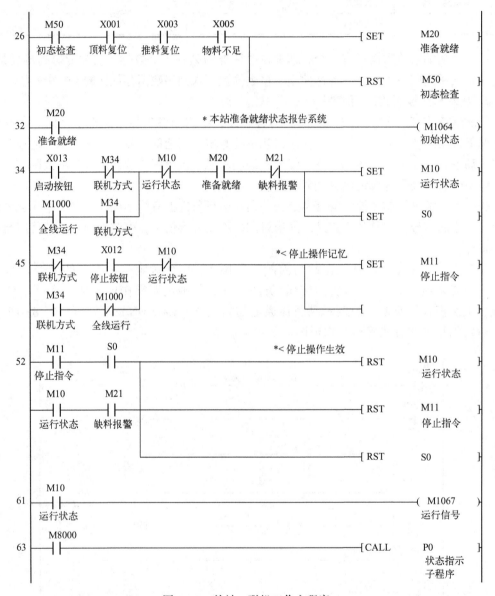

图 8-17　从站 1 联机工作主程序

下一步就进入工作站的工艺控制过程了，即从初始步 S0 开始的步进顺序控制过程。这一步进程序与前面单站情况基本相同，只是增加了写网络变量向系统报告工作状态的工作。

其他从站的编程方法与供料站基本类似，此处不再详述。建议读者对照各工作站单站例程和联机例程，仔细加以比较和分析。

3. 主站单元控制程序的编制

输送站是 YL-335B 系统中最为重要的、同时也是承担任务最为繁重的工作单元。其主要体现在：①输送站 PLC 与触摸屏相连接，接收来自触摸屏的主令信号，同时把系统状态信息反馈到触摸屏；②作为网络的主站，要进行大量的网络信息处理；③需完成本单元联机方式下的工艺生产任务，与单站运行时略有差异。因此，把输送站的单站控制程序修改为联机控制，工作量要大一些。下面着重讨论编程中应予以注意的问题和有关编程思路。

（1）内存的配置

为了使程序更为清晰合理，编写程序前应尽可能详细地规划所需使用的内存。前面已经规划了供网络变量使用的内存和存储区的地址范围。在人机界面组态中，也规划了人机界面与 PLC 连接变量的设备通道，并整理成表格形式。三菱系列 PLC 参考表 8-1，西门子系列PLC 参考表 8-7。

表 8-7 西门子系列人机界面与 PLC 连接变量的设备通道

序号	连 接 变 量	通 道 名 称	序号	连 接 变 量	通 道 名 称
1	越程故障_输送	M0.7（只读）	14	单机/全线_供料	V1020.4（只读）
2	运行状态_输送	M1.0（只读）	15	运行状态_供料	V1020.5（只读）
3	单机/全线_输送	M3.4（只读）	16	工件不足_供料	V1020.6（只读）
4	单机/全线_全线	M3.5（只读）	17	工件没有_供料	V1020.7（只读）
5	复位按钮_全线	M6.0（只写）	18	单机/全线_加工	V1030.4（只读）
6	停止按钮_全线	M6.1（只写）	19	运行状态_加工	V1030.5（只读）
7	启动按钮_全线	M6.2（只写）	20	单机/全线_装配	V1040.4（只读）
8	方式切换_全线	M6.3（读写）	21	运行状态_装配	V1040.5（只读）
9	网络正常_全线	M7.0（只读）	22	工件不足_装配	V1040.6（只读）
10	网络故障_全线	M7.1（只读）	23	工件没有_装配	V1040.7（只读）
11	运行状态_全线	V1000.0（只读）	24	单机/全线_分拣	V1050.4（只读）
12	急停状态_输送	V1000.2（只读）	25	运行状态_分拣	V1050.5（只读）
13	输入频率_全线	VW1002（读写）	26	手爪位置_输送	VD2000（只读）

只有在配置了上面所提及的存储器后，才能考虑编程中所需用到的其他中间变量。避免非法访问内部存储器，是编程中必须注意的问题。

（2）主程序结构

由于输送站承担的任务较多，联机运行时主程序有较大的变动。

1）每一个扫描周期，须调用网络以读/写子程序和通信子程序。

2）完成系统工作模式的逻辑判断，除了输送站本身要处于联机方式外，所有从站必须都处于联机方式。

3）联机方式下，系统复位的主令信号由 HMI 发出。在初始状态检查中，系统准备就绪的条件，除输送站本身要就绪外，所有从站均应准备就绪。因此，在初态检查复位子程序中，除了完成输送站本站初始状态检查和复位操作外，还要通过网络读取各从站准备就绪的信息。

4）总的来说，整体运行过程仍是按初态检查→准备就绪，等待启动→投入运行等几个阶段逐步进行，但阶段的开始或结束的条件要发生变化。

5）为了实现急停功能，程序主体控制部分需要放在主控指令中执行，即放在 MC（主控）和 MCR（主控复位）指令间。当顺控指令断开时，顺控内部的元件保持现状的有：累计定时器、计数器、用置位和复位指令驱动的元件；顺控内部的元件变成断开的有：非累计定时器、用 OUT 指令驱动的元件。MC、MCR 指令的具体使用方法和其他注意事项参考 FX$_{1N}$编程手册。

以上是主程序编程思路，下面给出主程序清单，如图 8-18～图 8-24 所示。

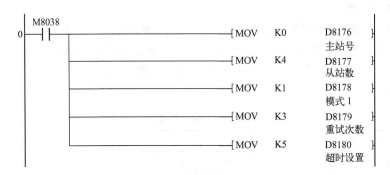

图 8-18　通信参数设置

图 8-19　通信诊断

图 8-20　调用通信子程序

（3）"运行控制"子程序的结构

输送站联机的工艺过程与单站过程略有不同，但需修改之处并不多，主要有如下几点。

1）在 8.1 工作任务中，输送站单站运行时传送功能测试子程序在初始步就开始执行机械手前往供料站物料台抓取工件，而联机方式下，初始步的操作应为：通过网络向供料站请求供料，收到供料站供料完成信号后，如果没有停止指令，则转移至下一步执行抓取工件。

2）单站运行时，机械手前往加工站加工台放下工件，等待 2 s 取回工件，而联机方式下，取回工件的条件是收到来自网络的加工完成信号。装配站的情况与此相同。

3）单站运行时，测试过程结束即退出运行状态。联机方式下，一个工作周期完成后，返回初始步，如果没有停止指令，则开始下一工作周期。

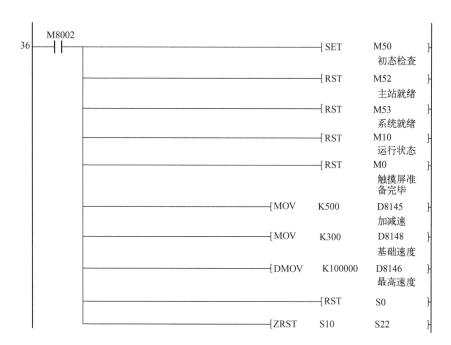

图 8-21　标志位复位的脉冲参数设置

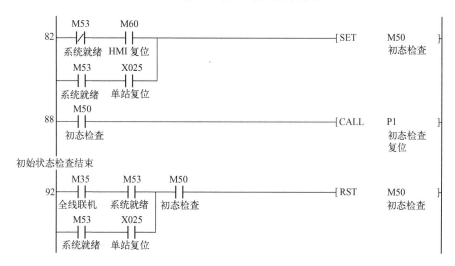

图 8-22　初始检测

注：初态检查包括主站初始状态检查及复位操作，以及各从站初始状态。

由此，在传送功能测试子程序基础上修改的运行控制子程序流程说明如图 8-25 所示。

（4）"通信"子程序

"通信"子程序的功能包括对从站报警信号处理、转发（从站间、HMI）以及向 HMI 提供输送站机械手当前位置信息。主程序在每一个扫描周期都调用这一子程序。

1）报警信号的处理、转发包括：

① 将供料站"工件不足"和"工件没有"的报警信号转发至装配站，为警示灯工作提供信息；

② 处理供料站"工件没有"或装配站"零件没有"的报警信号；

启动操作

```
        M62        M53        M35
99      ┤├         ┤├         ┤├                        ─[SET   M10
        HMI 启动   系统就绪   全线联机                         运行状态
        X024       M52        M34
        ┤├         ┤├         ┤├                        ─[SET   S0
        启动按钮   主站就绪   联机方式
```

停止操作

```
        M61        M10        M35
109     ┤├         ┤├         ┤├                        ─[SET   M11
        HMI 停止   运行状态   全线联机                         停止指令
        M141
113     ┤├                                              ─(M71
        通信诊断                                              通信故障
                        ─/─                             ─(M70
                                                            通信正常
        M10
117     ┤├                                              ─[CALL  P2
        运行状态                                              急停处理
        M11        S0         M10
121     ┤├         ┤├         ┤├                        ─[RST   M10
        停止指令               运行状态                       运行状态
        M36
        ┤├                                              ─[RST   M11
        测试完成                                              停止指令
                                                        ─[RST   M36
                                                            测试完成
```

图 8-23　启停控制、急停处理

```
        M10
128     ┤├                                              ─(Y016
        运行状态                                             HL2( 绿灯 )

        M8013      M1004      M34
130     ┤├         ┤├         ┤/├                       ─(Y015
                   从站复位   联机方式                       HL1( 黄灯 )
        M8013      M52
        ┤├         ┤/├
                   主站就绪
        M52
        ┤├
        主站就绪
        M63
138     ┤├                                              ─(M107
        HMI 联机                                            HMI 联机
        X026
140     ┤/├                                             ─(M103
        急停按钮                                              全线急停
        X001
142     ┤├                                              ─(M7
        左限位                                               越程故障
        X002
        ┤├
        右限位
```

图 8-24　状态指示

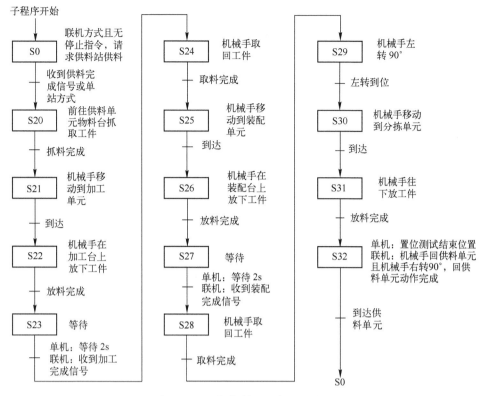

图 8-25　运行控制子程序流程说明

③ 向 HMI 提供网络正常/故障信息。

2) 向 HMI 提供输送站机械手当前位置信息，由脉冲累计数除以 100 得到。

① 在每一个扫描周期把以脉冲累计数表示的当前位置转换为长度信息（mm），转发给 HMI 的连接变量 VD2000。

② 当机械手运动方向改变时，相应改变高速计数器 HC0 的计数方式（增或减计数）。

③ 每当返回原点动作完成后，脉冲累计数被清零。

参 考 文 献

［1］亚龙科技集团有限公司 . YL-335B 实训指导书（FX 系列）［Z］. 2015.

［2］吕景泉 . 自动化生产线安装与调试［M］. 3 版 . 北京：中国铁道出版社，2017.

［3］张同苏，徐月华 . 自动化生产线安装与调试（三菱 FX 系列）［M］. 2 版 . 北京：中国铁道出版社，2017.

［4］日本三菱电机株式会社 . 三菱 FX-PLC 编程手册［Z］. 2017.

［5］珠海松下马达有限公司 . MinasA5 伺服系统使用手册综合版［Z］. 2009.

［6］日本三菱电机株式会社 . 三菱 E700 变频器说明书［Z］. 2007.

［7］北京昆仑通态自动化软件科技有限公司 . MCGS 嵌入版说明书［Z］. 2009.